恐龙博物馆

献给杰克、黛西和伊莉莎——克里斯·沃梅尔

献给O&A和所有热爱恐龙的人——莉莉·穆雷

图书在版编目（CIP）数据

恐龙博物馆 /（英）莉莉·穆雷文；（英）克里斯·沃梅尔图；邢路达译. — 兰州：甘肃少年儿童出版社，2022.3
（奇迹博物馆）
ISBN 978-7-5422-6440-4

Ⅰ.①恐⋯ Ⅱ.①莉⋯ ②克⋯ ③邢⋯ Ⅲ.①恐龙—儿童读物 Ⅳ.①Q915.864-49

中国版本图书馆CIP数据核字（2022）第004152号

甘肃省版权局著作权合同登记号：甘字 26-2021-0006号

恐龙博物馆 KONGLONG BOWUGUAN

[英]莉莉·穆雷 文　[英]克里斯·沃梅尔 图　邢路达 译

图书策划	孙肇志	责任编辑	高　宁
策划编辑	马　莉	特约编辑	张海波
美术编辑	许　将	封面设计	侯鹏飞

出版发行　甘肃少年儿童出版社
地　址　兰州市读者大道568号
印　刷　东莞市四季印刷有限公司
开　本　889mm×1194mm 1/8　印张 14
版　次　2022年3月第1版
印　次　2022年3月第1次印刷
书　号　ISBN 978-7-5422-6440-4
定　价　228.00元

出品策划　荣信教育文化产业发展股份有限公司
网　址　www.lelequ.com　电　话　400-848-8788
乐乐趣品牌归荣信教育文化产业发展股份有限公司独家拥有
版权所有　翻印必究

本作品简体中文专有出版权经由Chapter Three Culture独家授权。

BIG PICTURE PRESS
First published in the UK in 2017 by Big Picture Press,
an imprint of Kings Road Publishing,
part of the Bonnier Publishing Group,
Illustration copyright © 2017 by Chris Wormell
Text copyright © 2017 by Lily Murray
Design copyright © 2017 by The Templar Company Limited
All rights reserved

恐龙博物馆

[英] 莉莉·穆雷 文 [英] 克里斯·沃梅尔 图 邢路达 译

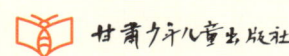

恐龙博物馆

前　言

恐龙化石遍布世界各地，恐龙曾栖息于各类生境。关于恐龙的每个新发现都为我们提出新的问题，也使我们对恐龙的认识更加深入。

如今，和恐龙有关的新发现一年比一年多。尽管最早为恐龙命名是在近两个世纪前的1824年，但半数以上的恐龙都是在20世纪90年代后才被命名的。现在，我们对于恐龙的了解远超过去：时下的博物馆和古生物学家比过去的任何时候都要多，新的研究成果不断涌现。恐龙研究也不再仅仅局限于对恐龙骨骼化石的研究及对整个恐龙骨架的复原上，恐龙的蛋白质分子、恐龙骨骼和蛋壳的细微结构、恐龙的羽毛和皮肤印痕、恐龙的足迹和行迹等新的发现，还有一些新的探索手段，比如对恐龙的四肢或骨架化石进行X射线扫描等，这些都为我们展示了一系列全新的恐龙研究依据和成果。

翻开本书，你将重回史前时代，亲眼见证盘古大陆的分裂以及恐龙的诞生。恐龙家族谱系树将为你展开一幅描绘恐龙家族演化史全貌的巨幅画卷，你可以由此了解这些非凡的生命是如何逐步演化并统治地球长达1.75亿年之久的。书中精彩的插图将使这些非凡的生命"重生"，并将它们——尖牙利爪的残暴猎手，笨拙迟缓的植食性巨龙，还有身披美羽的鸟类远祖栩栩如生地展示在你的眼前。

我们正在经历着又一段恐龙发现和研究的黄金时期，新的研究层出不穷，许多过去关于这些史前猛兽的认识得到刷新和更正。所以，从本书的恐龙世界穿越之旅中继续吸收营养，去充实你的兴趣吧！关于恐龙的秘密我们到底发现了多少？哪种恐龙最大？哪种恐龙的爪子最长？它们能否游泳或飞翔？恐龙和鸟类是亲戚吗？所有这些问题，你都将在本书中找到答案。

保罗·塞雷诺教授

芝加哥大学古生物学家

入口
欢迎来到
恐龙博物馆

2

恐龙家族谱系树　恐龙分类　中生代

9
一号展馆
蜥脚形亚目

蜥脚形亚目　原始蜥脚形类

三叠纪　蜥脚类　泰坦巨龙类

21
二号展馆
兽脚亚目

兽脚亚目　角鼻龙类　异特龙类

棘龙类　虚骨龙类　暴龙类

似鸟龙类　窃蛋龙类　镰刀龙类

伤齿龙类　驰龙类　龙鸟

47
三号展馆
鸟脚亚目

鸟脚亚目　原始鸟脚类　侏罗纪

禽龙类　鸭嘴龙类　蛋山

61
四号展馆
装甲亚目

装甲亚目　剑龙类

甲龙类　白垩纪

71
五号展馆
头饰龙亚目

头饰龙亚目　肿头龙类　角龙类

搏斗中的恐龙

81
六号展馆
恐龙的邻居们

翼龙　海生爬行动物　中生代哺乳动物

大灭绝　幸存者

93
图书馆

索引

策展人

译后记

了解更多

恐龙博物馆

入口

欢迎来到
恐龙博物馆

恐龙博物馆

在这座博物馆里，你会看到一些从未见过的地球生命。我们将带你穿越亿万年的时空，去追寻那些曾在地球上出现过的，最大、最凶残的陆生动物——恐龙，以及它们的近亲和邻居。从小型的肉食性恐龙到庞大的植食性恐龙，从身披美羽的空中精灵到撼天动地的惊世巨龙……我们相信，在看完这些非凡的馆藏之后，你一定会对恐龙种类的多样性，以及它们奇妙的生命演化进程惊叹不已。

当你随着书中的文字在这座恐龙博物馆里信步漫游时，一个个展馆将为你展示恐龙是如何生活的，又是如何演变的。它们在哪里生活，它们吃什么，它们如何行动，它们如何搏斗……你将亲眼见证恐龙是如何从最原始的祖先逐渐演化出庞大的家族支系，并一窥恐龙变鸟的奇妙历程。

请你仔细观看每一件展品。在这里，有一些实景复原景观，会带你步入恐龙生活的时代。那时的地球上覆盖着奇特的植被，最大的哺乳动物只有鼩鼱（qú jīng）那么大。你还能看到许多复原后的恐龙骨架、令人赞叹的远古化石，以及盘古大陆的分裂和漂移过程等奇观。

当你在展馆里穿梭时，你会有许多惊喜的收获，比如，你会发现不同恐龙类群之间的亲缘关系，以及它们的羽毛是如何演化而来的。这些奇妙的展品将激发你的想象，带你穿越到千百万年前的旧时光，一睹当时地球上的陆地霸主——恐龙的风采！

现在，就请你进入这座恐龙博物馆，让我们拨开时间的层层迷雾，去探索这些奇特、恐怖、精巧的史前生命。这座博物馆将成为你获取新知识的宝库。

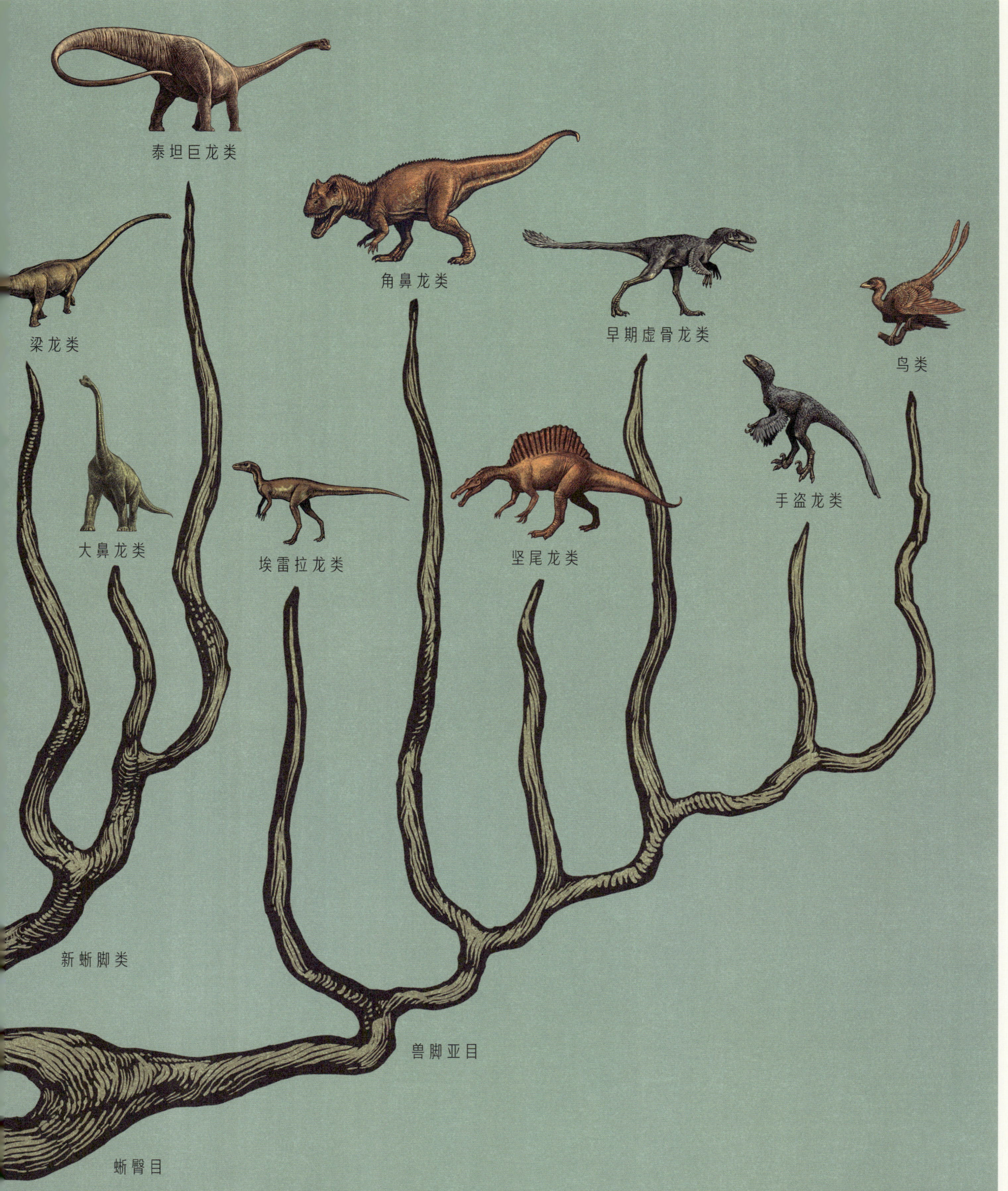

恐龙博物馆

恐龙分类

恐龙家族谱系树向我们展示了不同恐龙类群之间的亲缘关系，同时也展现出恐龙家族演化进程中恐龙形态的多样性，从最早的长有鳞片的双足恐龙，到大型的四足巨怪和娇小敏捷的空中飞将，你都将在这里看到它们的身影。

恐龙的祖先是一类被称为主龙类的爬行动物，最早出现于约2.5亿年前。1842年，英国古生物学家理查德·欧文爵士将斑龙、禽龙、林龙划为一个独立的类群，作为"蜥蜴类爬行动物的一个族或亚目"，并建议称之为"恐龙类"。

1887年—1888年，根据骨盆结构的区别，恐龙被进一步划分为蜥臀目和鸟臀目。蜥臀目恐龙的骨盆形态和现生蜥蜴的相似，具有向前伸出的耻骨；而鸟臀目恐龙的骨盆形态则与现生鸟类的近似，耻骨向后延伸。自此以后，1 000余种恐龙被逐渐发现并命名，几乎每隔几个星期就会有新的恐龙种类被发现，但最基本的恐龙分类框架一直未变。然而就在2017年，恐龙的基本分类标准也遭遇了挑战：有科学家认为蜥臀目下的兽脚亚目恐龙和鸟臀目恐龙或许具有更近的亲缘关系。

恐龙又被进一步划分为更小的类群和分支，每个类群包括一个祖先及其所有后裔。每个分支中的恐龙具有一系列共同特征，比如手盗龙类具有相同的腕关节，角龙类具有独特的头饰。这种分类系统可以帮助科学家研究不同恐龙类群之间的演化关系，并最终引出后来里程碑式的新发现——恐龙并没有像我们过去所认为的那样彻底灭绝，而是演化成现今依然繁荣兴旺的鸟类。

中生代

中生代，又被称为"爬行动物的时代"，从约2.52亿年前一直持续到约6 600万年前，共分为3个阶段：三叠纪、侏罗纪和白垩纪。

恐龙最早出现于约2.5亿年前的三叠纪时期，当时的地球环境和现在的差别很大。在三叠纪之初，地球上的大部分大陆相互连接，形成一块超级大陆——盘古大陆，占据了地球面积的1/4。环绕着盘古大陆的是巨大的泛大洋，较小的特提斯海则被盘古大陆东岸围绕着。到了三叠纪末期，现今非洲的一部分、北美洲和欧洲板块开始分离，北大西洋逐渐形成。

在侏罗纪初期，盘古大陆分裂成2个次大陆，北部为劳亚大陆，南部为冈瓦纳大陆。到了侏罗纪中期，冈瓦纳大陆开始分裂，东部（南极洲、马达加斯加、印度和澳大利亚）从西部（非洲和南美洲）分裂出来。在北部，北大西洋继续扩张，北美洲、非洲及南美洲逐渐分裂。海底拔起高山，使得海平面上升，同时也使得气候变得潮湿多雨。

在白垩纪的大多数时间里，继续升高的海平面淹没了大块陆地。尽管如此，在北美洲和亚洲之间，有时也会有陆桥露出水面，使得恐龙可以在两个大陆之间迁徙。随着时间的推移，大陆继续漂移，到了白垩纪晚期，大部分主要大陆被大洋分割开来，形成和今天近似的海陆格局。

---------- 资料卡 ----------

1.三叠纪时期
三叠纪，在2.52亿年前—2.01亿年前。三叠纪初期，只有东亚大陆位于盘古大陆之外。这幅三叠纪晚期的图中，盘古大陆已经开始分裂，北大西洋也初现端倪。当时，整个盘古大陆的南端及一些沿海地区被绿色的植被覆盖，而内陆的大块区域则是荒漠。

2.侏罗纪时期
侏罗纪紧随三叠纪之后，在2.01亿年前—1.45亿年前。图中可以看到盘古大陆继续分裂，上升的海平面淹没了大面积的陆地。南美洲的安第斯山，以及欧洲的阿尔卑斯山都是在这时候形成的。

3.白垩纪时期
中生代最后一个也是最长的一个时期是白垩纪，在1.45亿年前—6 600万年前。我们从图中可以看到大陆最后的分裂情况。白垩纪晚期时的地表，已经出现了将北美洲一分为二的西部内陆海道，北非地区也存在大面积的内海。

恐龙博物馆

一号展馆

蜥脚形亚目

蜥脚形亚目

原始蜥脚形类

三叠纪

蜥脚类

泰坦巨龙类

蜥脚形亚目

在恐龙演化的早期，蜥臀目恐龙中的一个分支——蜥脚形亚目恐龙便从肉食性的兽脚类恐龙中分化出来，成为植食性恐龙。蜥脚形亚目恐龙，这个分支包括蜥脚类，以及它们祖先的近亲，从三叠纪晚期一直繁衍到恐龙的末日。

蜥脚形亚目恐龙刚出现的时候，体形还很小，靠两足行走。这些早期的蜥脚形亚目恐龙大多数更像是杂食性动物。它们的手指数量较多，具有指爪，这可能主要是用来自卫或者抓握树枝的。随着时间的推移，蜥脚形亚目恐龙逐渐变大，日渐增长的体形迫使它们必须俯身，用粗壮如柱的四肢来支撑身体。到2.2亿年前，蜥脚形亚目恐龙已经成为地球上最大的陆生植食性动物。

蜥脚形亚目恐龙的另一个特点是具有很长的脖子，这个特征使它们能像长颈鹿那样，吃到树冠上其他植食性动物吃不到的树叶。为配合这个长脖子，它们的头又小又轻，并且它们长出同样很长的尾巴来保持平衡。

它们勺子状的牙齿可以轻而易举地切割开坚硬的植物茎干，但却不适合研磨食物。但是它们胃里的石子，即胃石，跟现代鸟类砂囊里的胃石一样，可以用来磨碎较硬的植物纤维。也有证据显示，一些蜥脚形亚目恐龙在嘴的前端长有小喙。

蜥脚形亚目恐龙的化石几乎遍布所有大陆的各种生境，从沼泽到沙漠，从平原到高山……一直以来，人们心目中的恐龙形象其实就是那些大型的蜥脚形亚目恐龙——比亭台楼阁还高、比公共汽车还长的庞然大物，它们行走时甚至可以撼动大地。

资料卡

1.高胸腕龙
Brachiosaurus altithorax
生活时代：侏罗纪晚期
化石发现地：北美洲
体长：25米　体重：28吨

1900年，高胸腕龙刚被发现时，立刻创造了当时最大恐龙的纪录。尽管这项纪录现在早已被刷新，但高胸腕龙依然是最高大的恐龙之一。

高胸腕龙的体形和长颈鹿类似，有很长的脖子和罕见的较长的前肢。高胸腕龙躺卧时，前肢可能会向两侧伸展。它们的拉丁文名字原意为"手臂蜥蜴"。这种恐龙中的巨怪可能比我们认为的还要高大，因为许多高胸腕龙化石标本的骨缝并没有完全闭合，这意味着这些恐龙还没有成年。

虽然高胸腕龙不能依靠后肢站立起来，但它们的长脖子可以帮助它们吃到高处的树叶。高胸腕龙每天必须吃掉将近120千克的苏铁、松柏或者银杏的叶子才能维持生存。

2.高胸腕龙的头骨
高胸腕龙长有较宽的吻部和较厚的颌骨，嘴里长有52颗勺状牙齿（上下颌各26颗），这种牙齿很适合切割植物。高胸腕龙的鼻孔位于头部顶端的较大空腔上。

蜥脚形亚目

原始蜥脚形类

这个类群的恐龙曾经被归为大型蜥脚类恐龙的祖先，现在则被认为是它们的早期近亲。原始蜥脚形类恐龙在恐龙时代的早期就已经出现，属于最古老的恐龙之一，根据化石推测，它们生活于距今约2.25亿年前—2亿年前。

从三叠纪晚期到侏罗纪早期，原始蜥脚形类恐龙是那时候最常见的植食性动物，也是恐龙中最早在自己的生活环境里占据优势地位的一个分支。原始蜥脚形类恐龙的化石遍布世界各地，甚至在南极洲都有分布，但是大多数分布在欧洲北部。它们会在树木较高的地方寻找食物，用后肢支撑身体站立起来去取食最嫩的叶子。然而，在侏罗纪中期，它们忽然从化石记录中消失，很可能是由于它们的近亲——蜥脚类恐龙的崛起，导致它们的食物几乎被抢光，从而灭绝。

原始蜥脚形类恐龙的演化显示出了体形增大、脖子加长、从两足行走到四足行走的趋势。这些特征可以方便它们取食更高处的树叶，同时在它们的天敌——兽脚类恐龙体形逐渐变大的情况下，能更好地保护自己。

资料卡

1. 刀背大椎龙
Massospondylus carinatus
生活时代：侏罗纪早期
化石发现地：津巴布韦、美国
体长：4米　体重：135千克
刀背大椎龙具有比绝大多数其他原始蜥脚形类恐龙更长的脖子，还长有多个指爪，可以用来扯下树枝或切断植物的根茎。刀背大椎龙蛋和幼体化石显示，刚孵化的刀背大椎龙幼体没有牙齿，行走笨拙，科学家推测其成年个体可能具有育幼行为。

2. 恩氏板龙
Plateosaurus engelhardti
生活时代：三叠纪晚期
化石发现地：德国、瑞士、法国
体长：10米　体重：4吨
恩氏板龙是欧洲最著名的恐龙之一。几百块恩氏板龙化石曾被人们在同一地点发现，这意味着它们可能是群居动物。

3. 古槽齿龙
Thecodontosaurus antiquus
生活时代：三叠纪晚期
化石发现地：英国
体长：2.5米　体重：40千克

古槽齿龙比同时代的近亲板龙小得多，它们现在被科学家认为是岛屿侏儒化（大型动物在小岛上落地生根之后，其后代的体形会慢慢变小）所产生的种类。它们是第4种被命名的恐龙。

4. 迷里奥哈龙
Riojasaurus incertus
生活时代：三叠纪晚期
化石发现地：阿根廷
体长：6.6米　体重：800千克
迷里奥哈龙体形较大，四肢粗壮，可能是一种行动迟缓的恐龙，并且它们无法用后肢站立起来。

三叠纪时期的陆地生命

4

三叠纪

在距今约2.52亿年前，地球上发生了一次生物大灭绝事件，当时近96%的生物物种都不可思议地从地球上消失了。在随后的三叠纪时期，陆生动物蓬勃发展，恐龙和哺乳动物的祖先都首次出现了。

三叠纪初期，地球的气温比现在高很多，两极没有冰山，盘古大陆内部覆盖着大面积的沙漠。在海拔较高、气温较低的地区，裸子植物（种子裸露在外，没有果皮包裹的一类种子植物）和针叶林已经出现。

沿海地区的气候更加湿润，那里也成了大多数生命繁衍生息的地方，苔藓、蕨类、蜘蛛、蝎子、马陆、蜈蚣和甲虫都生活在那里。蚱蜢最早也是在三叠纪出现的。

当时陆地上最大的动物是似哺乳爬行动物中的兽孔类和主龙类。在三叠纪中期，主龙类分化出了最早的恐龙。到了三叠纪晚期，长翅膀的翼龙也出现了，它们是最早征服天空的脊椎动物。

最早的哺乳动物的祖先在三叠纪最末期才从兽孔类中分化出来。它们身体娇小，只有现在的鼩鼱那么大，取食植物和昆虫。

资料卡

1. 波斯特鳄
Postosuchus
体长：5米　体重：680千克
波斯特鳄是当时北美洲的顶级掠食者，属于主龙类爬行动物。直立、粗壮的后肢使它们成为动作迅速、敏捷的猎手。波斯特鳄的前肢比后肢短很多，可以推测它们是双足行走的。同时期和它们生活在一起的是一些小恐龙，比如腔骨龙。

2. "獠牙翼龙"（Fanged pterosaur）
翼展：1.3米　体重：不确定
三叠纪的翼龙体形还比较小。"獠牙翼龙"化石发现于2015年，这种翼龙至今尚未正式命名。它们长有110颗普通牙齿和4颗2.5厘米长的獠牙。它们具有短途飞行的能力，捕食鳄鱼的远古祖先和昆虫。

3. 本内苏铁（Bennettitales）
这一类像棕榈树的植物在三叠纪非常常见。它们具有坚硬的叶片、木质的树干，以及短小、筒状的茎。

4. 南洋杉型木
Araucarioxylon arizonicum
南洋杉型木属于松柏类植物。三叠纪晚期，北美洲覆盖着大片南洋杉型木森林。它们的现代近亲是智利南洋杉。

5. 木贼（Horsetails）
这些像灯芯草一样的植物叫木贼，是三叠纪时期植食性动物的重要食物来源。它们用孢子繁殖，而非种子。它们发达的根状茎埋在地下，地上茎被动物吃掉后能很快重新生长出来。

6. 摩尔根兽
Morganucodon
体长：13厘米　体重：27~89克
摩尔根兽是哺乳动物的早期祖先，还具有许多爬行动物的特征，比如下颌的形态。它们很可能是夜行性动物。它们会产下比较小的蛋，蛋壳呈皮革质。

蜥脚形亚目

蜥脚类

作为非常成功的植食性恐龙类群,第一种真正的蜥脚类恐龙在三叠纪末期演化出来,直至白垩纪末期才灭绝,它们在地球上共繁衍了1亿年以上。这个恐龙类群中包含了地球生命史中体重最大的陆生动物,最重的蜥脚类恐龙的体重可以达到100吨,是成年非洲象体重的16倍。蜥脚类恐龙是如何演变成这样的庞然大物的呢?

一个关键的因素是蜥脚类恐龙的长脖子,这使得它们能够比其他植食性动物获得更加丰富的食物资源。它们的脖子之所以能达到如此不可思议的长度,主要依赖于轻盈、中空的骨骼,里面填充有空气,从而减轻了脖子的整体重量。19节颈椎及独特的肌肉、韧带和肌腱构造也起到了很好的支撑作用。蜥脚类恐龙较小的头部几乎全部被嘴占据,它们就像收割机一样,通过直接吞咽而不咀嚼食物的方式,可以实现快速进食。

蜥脚类恐龙不像哺乳动物那样吸气之前必须先将肺部的空气排出。它们很可能具有非常高效的呼吸系统,就像现代鸟类一样,体内的气囊使它们在吸气和呼气时,都有新鲜空气由肺部通过并进行气体交换。

16

资料卡

1. 合川马门溪龙
Mamenchisaurus hochuanensis
生活时代：侏罗纪晚期
化石发现地：中国
体长：22米　体重：40～50吨
合川马门溪龙因有一个占据体长一半的脖子而举世闻名。一些科学家认为它们的脖子平时与地面近乎平行，因此它们既可以取食高处的植物，也可以取食低矮处的植物。

2. 卡耐基梁龙
Diplodocus carnegii
生活时代：侏罗纪晚期
化石发现地：美国
体长：22～35米　体重：18吨
卡耐基梁龙是最长的恐龙之一，其主要特点是鞭子状的尾巴，这种尾巴可能用于自卫。卡耐基梁龙可以通过快速甩动尾巴发出巨大的声响来恐吓掠食者。

3. 塔氏尼日尔龙
Nigersaurus taqueti
生活时代：白垩纪中期
化石发现地：尼日尔
体长：9米　体重：2吨
塔氏尼日尔龙是最奇特的蜥脚类恐龙之一，极宽的颌骨里长有约600颗针状牙齿。它进食的时候，可能会向两侧摇摆脖子来扯断低处的树叶，然后吃掉树叶。

4. 卡氏阿马加龙
Amargasaurus cazaui
生活时代：白垩纪早期
化石发现地：阿根廷
体长：13米　体重：4吨
背上成排的分叉棘刺，使得卡氏阿马加龙很容易被辨识。这些棘刺可能用来调节体温，也可能用来防御。

| 蜥 脚 形 亚 目 |

泰坦巨龙类

  约1.45亿年前的白垩纪最初期，梁龙和腕龙开始衰落，但这并不意味着所有蜥脚类恐龙全军覆没。另一支蜥脚类恐龙——泰坦巨龙类恐龙在这个时候开始崛起，其中的一些恐龙是地球上曾存在过的体积最大的陆生动物。泰坦巨龙类恐龙的化石遍布世界各地，绝大多数分布于南美洲——当时属于冈瓦纳大陆的一部分。2014年，科学家在阿根廷的巴塔哥尼亚地区发现的一个泰坦巨龙类恐龙化石，被认为是目前为止所发现的体积最大的恐龙骸骨之一。

  泰坦巨龙类恐龙用四足站立，四肢坚如立柱，趾骨与马蹄形掌骨融为一体，脚底长有厚厚的肉垫，来缓冲行动时的冲击。与其他蜥脚类恐龙一样，长着长脖子、长尾巴的泰坦巨龙类恐龙是植食性恐龙，它们用牙齿从树上撕扯下叶子，然后吞下，但不咀嚼。

1

有趣的是，有些泰坦巨龙类恐龙的背部长有许多念珠状的小鳞甲，甚至有一种泰坦巨龙类恐龙——萨尔塔龙还长有像甲龙一样的骨板。这些可能是用来防御当时的超级掠食者，比如阿贝力龙和霸王龙这样的巨型兽脚类恐龙。

资料卡

1.梅氏巴塔哥泰坦巨龙
Patagotitan mayorum
生活时代：白垩纪晚期
化石发现地：阿根廷
体长：37米　体重：70吨
2014年，在巴塔哥尼亚发现的这种恐龙，有7具骨架化石。这种恐龙的体重相当于10头非洲象的重量，体长超过3辆伦敦巴士连起来的长度。科学家推测，它比曾经最大恐龙的纪录保持者——阿根廷龙还要长10%。7具骨架化石被同时发现，意味着这些恐龙死于同一地点。这些巨龙死后，尸体很可能被食腐恐龙所吞食。因为最大的兽脚类恐龙之一——丘布特魁纣龙的50余颗牙齿化石也在该地点被发现，所以科学家猜测，这些巨龙的尸体，可能被这些幸运的兽脚类恐龙享用了几个星期。

行走的时候，巨龙的长脖子会保持水平状态。但取食的时候，它们的长脖子可以抬起来够到14米高处的树叶，或向下探到地面取食远处的灌木。为了维持生存，它们每天要吃大量的植物，然后植物在它们那巨大的肠胃里慢慢消化。

恐龙博物馆

二号展馆

兽脚亚目

兽脚亚目

角鼻龙类

异特龙类

棘龙类

虚骨龙类

暴龙类

似鸟龙类

窃蛋龙类

镰刀龙类

伤齿龙类

驰龙类

龙鸟

兽脚亚目

兽脚亚目恐龙的拉丁文名字原意是长着野兽脚的恐龙，它们双足行走，种类繁多，大多数为肉食性。和蜥脚形亚目一样，兽脚亚目也是蜥臀目恐龙的一个分支，最早出现在三叠纪中晚期，约2.3亿年前。作为当时陆地上的顶级掠食者，兽脚亚目恐龙中既有和乌鸦一样大的小盗龙，也有霸王龙和南方巨兽龙这些残忍的撼地巨怪。它们中也有杂食者、食虫者和植食者，比如长着剃刀形爪子、模样怪异的镰刀龙就是植食性恐龙。

从严格意义上来说，兽脚亚目恐龙现在依然存在，因为所有的现代鸟类都是某类无法飞翔的小型兽脚亚目恐龙的后裔。实际上，从侏罗纪时期开始，许多兽脚亚目恐龙就开始长得越来越像鸟，有喙和叉骨，前肢和后肢上覆盖着羽毛，前肢逐渐演化成翅膀。我们现在还知道，许多兽脚亚目恐龙具有和鸟类一样的习性，比如筑巢和孵蛋。

兽脚亚目恐龙的共同点还包括：中空的骨骼，用来抓握和撕开猎物的利爪，锋利弯曲并且长着锯齿、用来切割肉类的牙齿。和鸟类一样，兽脚亚目恐龙一般有4个脚趾，但只用其中3个走路。许多兽脚亚目恐龙很少使用前肢，因为它们的前肢无法翻转，所以它们的手掌总是朝向内侧或后肢。许多兽脚亚目恐龙也不能翻转手腕，所以它们的前肢和手掌只能同时活动。

在侏罗纪时期，兽脚亚目恐龙成为陆地上的顶级掠食者，并且占据此地位长达1亿年，直至白垩纪末期。兽脚亚目恐龙的化石广布各个大陆，南极洲是最后一个发现其化石的大洲。1991年，一具体形中等、长有头冠的冰脊龙化石在这里被发现。

资料卡

1.鲍氏腔骨龙
Coelophysis bauri
生活时代：三叠纪晚期
化石发现地：北美洲
体长：3米　体重：25千克

鲍氏腔骨龙最早发现于1881年，它是三叠纪晚期最著名的兽脚亚目恐龙之一。1947年，在美国新墨西哥州的幽灵农场，人们发现了超过1 000件鲍氏腔骨龙化石。

鲍氏腔骨龙具有很多兽脚亚目恐龙的典型特征，比如中空的骨骼、可以抓握的手、尖牙和利爪。它也是最早具有叉骨的恐龙。

鲍氏腔骨龙体形较小，但是矫健敏捷，擅长捕食小型爬行动物。从它石化的胃容物里发现的小型鳄鱼遗骸化石中，我们可以推测出这一点。

这么多鲍氏腔骨龙化石在同一地点被发现，意味着它们可能集体捕猎，但也有可能是聚集在一个水潭里的鲍氏腔骨龙群突然遭遇了一场山洪。

2.鲍氏腔骨龙的骨骼

这幅素描图上画的是在美国亚利桑那州硅化木森林中发现的鲍氏腔骨龙化石。从图中，大家可以清晰地看到这只鲍氏腔骨龙的后肢上长着的3个承重的脚趾和1个较小的第四趾，还有它呈S形的长脖子（这件标本由于死亡导致脖子呈向后弯曲状）。

1

兽脚亚目

角鼻龙类

角鼻龙类恐龙的拉丁文名字的意思是"长角的蜥蜴",它们是一类较为原始的兽脚类恐龙,出现在三叠纪晚期,约2.25亿年前。它们与角鼻龙的亲缘关系比它们与鸟类的亲缘关系更近。这个类群中最有名的是腔骨龙——一种迅猛敏捷的猎手,它们具有强壮的后肢、长长的尾巴和S形的脖子。许多腔骨龙的化石发现于同一地点,说明它们可能群居,并且集体狩猎。

角鼻龙类恐龙中,侏罗纪早期最具代表性的是长有两个头冠、因电影《侏罗纪公园》而闻名的双脊龙,侏罗纪晚期最具代表性的则是角鼻龙。

到了白垩纪早期,角鼻龙从北方的劳亚大陆逐渐消失,迁徙到了南方的冈瓦纳大陆。在这里它们演化成了大型肉食性动物,比如阿贝力龙、食肉牛龙和玛君龙。食肉牛龙和角鼻龙一样,在两眼的正前方长有角。体形相对较小的玛君龙,是当时已经成为孤岛的马达加斯加岛上的顶级掠食者。玛君龙主要捕食蜥脚类恐龙,比如

掠食龙。玛君龙是目前已知的唯一具有同类相食的直接证据的恐龙。

角鼻龙类恐龙中的一些种类形态怪异，包括无齿的小型植食性恐龙泥潭龙和牙齿向前伸到嘴巴外的恶龙，后者可能用这样的牙齿捕捉鱼类和其他小型脊椎动物。

资料卡

1.角鼻角鼻龙
Ceratosaurus nasicornis
生活时代：侏罗纪晚期
化石发现地：美国
体长：7米　体重：700千克

角鼻角鼻龙是一种中等体形的兽脚类恐龙，特征是鼻子上长有角，眼睛上方各长有两个角状脊，背上长有一排被称为膜质骨板的骨质凸起。有些科学家认为，它们的角是雄性间为了争夺与雌性的交配权而进行打斗时使用的；另一些科学家则认为，这个角很脆弱，仅仅用于展示，而且应该有鲜艳的颜色。

角鼻角鼻龙与同时代其他更大的兽脚类恐龙为邻，比如异特龙和蛮龙。这些更大的兽脚类恐龙捕食较大的蜥脚类恐龙，而角鼻角鼻龙则捕食较小的鸟脚类恐龙。角鼻角鼻龙具有较轻的头和匕首状的牙齿，这样的牙齿非常适合切肉。有一件标本的上牙极长，合上嘴的时候牙齿会伸到下颌处。在一些蜥脚类恐龙的骨骼上，科学家发现了角鼻角鼻龙的咬痕，说明角鼻角鼻龙也可以捕食较大的动物，或者至少可以取食它们的尸体。

侏罗纪晚期，今天的美国西南部地区布满沼泽，科学家认为生活在那里的角鼻角鼻龙可以用它们长而灵活的尾巴来帮助游泳，从而捕食水中的鱼和鳄鱼。

1

兽脚亚目

异特龙类

这一类可怕的掠食者由两个分支组成：异特龙科恐龙和鲨齿龙科恐龙。异特龙科恐龙是中等或大型肉食性动物，也是侏罗纪晚期最成功的猎手。它们中最出名的成员——异特龙凭借匕首状的牙齿、可怕的爪子和长而强壮的后肢在当时成为美国中西部地区的统治者。剑龙、鸟脚类恐龙甚至蜥脚类恐龙都是异特龙的盘中餐。

异特龙科恐龙的头骨较大，长有脊冠，前肢有3个手指，分布于北美洲、非洲和亚洲。与霸王龙不同的是，许多异特龙具有大小适中而有力的前肢，可以以此抓取猎物，它们最后被鲨齿龙科恐龙所取代。鲨齿龙科恐龙主要生活在冈瓦纳大陆（部分种类生活在北美洲和亚洲地区），它们和棘龙一起成为白垩纪早期和晚期冈瓦纳大陆上的统治者。

鲨齿龙科恐龙包括新猎龙——一种发现于英国怀特岛的可怕猎手，还有其他一些史上最大的陆生掠食者：南方巨兽龙、马普龙和鲨齿龙。鲨齿龙科恐龙的体形与霸王龙接近，甚至更大。南方巨兽龙是其中体形最大的一类，其头骨大小就与一个成年人的身高近似，嘴巴里长满了匕首状、用来切肉的牙齿，身体和公交车一样长。这四种鲨齿龙科恐龙可能都具有猎食体形庞大的泰坦巨龙的能力。

鲨齿龙科这个名字的来源——鲨齿龙，在历史上差点与科学家们擦肩而过。最早的鲨齿龙化石由恩斯特·斯特罗默于20世纪20年代在埃及发现，随后被放在德国慕尼黑。后来这些鲨齿龙化石和最早的棘龙化石在第二次世界大战中被轰炸机摧毁，而此后关于鲨齿龙的资料仅有斯特罗默的线图和他的描述。1995年，古生物学家保罗·塞雷诺在摩洛哥南部的撒哈拉沙漠中又找到一个巨大的鲨齿龙头骨和部分骨架化石，这些化石和斯特罗默的描述完全相符。一年后，塞雷诺和另一位古生物学家史蒂夫·布鲁萨特又找到了一个鲨齿龙新种——伊吉迪鲨齿龙。

资料卡

1.撒哈拉鲨齿龙
Carcharodontosaurus saharicus
生活时代：白垩纪中期
化石发现地：非洲
体长：13米　体重：6吨
鲨齿龙的拉丁文名字源自大白鲨（*Carcharodon*），意思是"锋利的牙"或"长有锯齿状牙齿的蜥蜴"，它的头骨显示着如此命名的原因——大嘴巴里长满了20厘米长的锯齿状牙齿。头骨的扫描结果显示，鲨齿龙的内耳和大脑尺寸与现代的鸟类相比，更接近现在的爬行动物。

尽管鲨齿龙是地球历史上最大的陆生掠食者之一，但它还是有对手——中生代最强大的恐龙之一、体长18米、生活在同一时代同一地区的棘龙。

2.脆弱异特龙
Allosaurus fragilis
生活时代：侏罗纪晚期
化石发现地：美国
体长：8.5米　体重：1.7吨
脆弱异特龙是典型的大型兽脚类恐龙，具有肌肉发达的S形脖子、大头颅、长尾巴，前肢较后肢短。所有的牙齿都具有锯齿状边缘，以方便切肉。

脆弱异特龙被认为是积极的掠食者，证据是在一件异特龙标本的尾骨上发现了被剑龙尾巴上的骨刺刺破的痕迹，说明它们曾发生过激烈的搏斗。在剑龙脖子处的骨板上，也发现了异特龙的咬痕。与霸王龙不同，被异特龙啃咬过的骨骼不会碎裂，只会使猎物因为剧痛而变得更加虚弱。

兽脚亚目

棘龙类

棘龙类恐龙是所有恐龙里最奇特的类群之一。用来命名这个类群的棘龙，是地球生命史上出现过的最大的陆生掠食者之一。与其他掠食者不同的是，棘龙类恐龙的头骨狭长，嘴里长满圆锥形的牙齿，很适合刺穿鱼类。科学家们意识到这群兽脚类恐龙的食性很特殊，它们的食物主要是水生动物，但也包括其他动物。比如一种棘龙——沃氏重爪龙，就在胃里保留了一只幼年禽龙的残骸化石和许多鱼鳞化石。

棘龙类恐龙最早出现在侏罗纪晚期，到了白垩纪早期大量出现。棘龙类恐龙可以划分为两个亚科——棘龙亚科恐龙和重爪龙亚科恐龙。

棘龙亚科恐龙包括北非的棘龙和巴西长有头冠的激龙。对古生物学家来说，研究激龙的头骨化石是一个独特的挑战，因为化石贩子用石膏加长了它的吻部，以便让这个化石看起来更完整，从而卖个好价钱。古生物学家花费了很多时间和金钱才发现并去除了化石上面人工篡改的部分，最终恢复了它的原貌。当这块头骨化石真

正的样貌展现在古生物学家面前时，他们非常激动，因此便将这种恐龙命名为激龙。

重爪龙亚科恐龙里最早被发现的是重爪龙，其化石来自英国南部。它的拉丁文名字的意思是"沉重的爪子"，这源于其前肢第一指上可怕的弯曲指爪，这个指爪可能用来防御或捕鱼。这个亚科还包括似鳄龙，其体形是现在最大的鳄鱼的两倍。

资料卡

1.埃及棘龙
Spinosaurus aegyptiacus
生活时代：白垩纪中期
化石发现地：埃及
体长：18米　体重：9吨

棘龙背上长有两米高的巨型帆状棘，奇长的吻部里长有圆锥形的牙齿，这些令人生畏的特征使我们一眼就能认出它。棘龙奇特的形态意味着它为自己开创了与其他同时代兽脚类恐龙不同的新生态位。它主要捕食鱼类和其他生活在水里或水边的动物，而其他兽脚类恐龙，比如鲨齿龙等，则是捕食陆地上更强壮的动物。棘龙可能享用过腔棘鱼、锯鳐、肺鱼甚至鲨鱼。

进一步观察，我们会发现棘龙适应了水中生活。它的鼻孔在吻部靠上的位置，即便身子潜到水下它也仍可以呼吸。像早期的鲸一样，棘龙的后肢较短，宽而扁的爪子和脚掌非常适合划水。

关于棘龙的帆状棘的功能，长久以来古生物学家争论不休。许多古生物学家认为它主要是用来展示的，比如警告天敌或吸引异性。这个帆状棘也可能像现在的很多爬行动物的棘状鳞一样，色泽十分亮丽。

29

兽脚亚目

虚骨龙类

　　随着科学家们研究的深入和新发现的化石不断涌现，兽脚类恐龙的分类方法经常发生变化。目前，虚骨龙类恐龙包括了亲缘关系相较于异特龙类和角鼻龙类恐龙来说，与现代鸟类更近的大大小小的兽脚类恐龙。

　　虚骨龙类恐龙包括3个主要类群：暴龙类恐龙、似鸟龙类恐龙和手盗龙类恐龙。手盗龙类恐龙包括吃植物的镰刀龙类恐龙、吃虫子的阿尔瓦雷斯龙类恐龙、小型似鸟的伤齿龙类恐龙、"猛禽"驰龙类恐龙等兽脚类恐龙以及鸟类。

　　羽毛，或者至少算得上是恐龙的"绒毛"的毛发，已发现于虚骨龙类恐龙的各个家族支系中。许多科学家认为虚骨龙类恐龙中的所有种类都长有羽毛，或者至少在生命的某个阶段如此。

　　虚骨龙类恐龙化石向我们展示了羽毛的神奇演化过程，从单根、发丝状的羽支到现代鸟类的飞羽。不会飞

行的恐龙身上长出各种复杂羽毛意味着羽毛的出现和演化不仅和飞行有关，也可能用来伪装、保暖或在求偶时展示。

　　虚骨龙类恐龙也为我们展现了从恐龙到鸟类的奇妙演化之旅，而这个演化历程也使得我们对恐龙的认识有了巨大的转变——从庞大笨拙、披鳞带甲的怪物，化作了小巧灵敏、身披美羽的彩色精灵。

资料卡

1.恐龙羽毛的演化

a.简单、稀疏、中空的细丝，最早出现在1.5亿年前的鹦鹉嘴龙身上；
b.成簇的细丝，像柔软的绒毛，发现于帝龙身上；
c.许多细丝从中间的羽轴上伸出，发现于中国鸟龙身上；
d.不对称的飞羽，羽轴不在正中间，例如现代鸟类的飞羽。

2.奇异帝龙

Dilong paradoxus

生活时代：白垩纪早期
化石发现地：中国
体长：2米　体重：10千克

奇异帝龙是第一种被发现的长有原始毛状结构的暴龙类恐龙。它们的羽毛蓬松，可以保温。与其他的暴龙类恐龙一样，奇异帝龙长有强壮的下颌及牙齿，适合撕裂肉类。奇异帝龙的发现证明了不只是小型、似鸟的恐龙才长有羽毛。

一些科学家相信所有的幼年暴龙类恐龙身上都覆盖有和奇异帝龙的羽毛类似的绒毛，成年后这些绒毛就会脱落，就和大象与鲸一样。

兽脚亚目

暴龙类

暴龙的拉丁文名字的原意是"暴君蜥蜴",这实在是一个再合适不过的名字。这个类群里面的大型肉食性恐龙——蛇发女怪龙、惧龙、阿尔伯塔龙和霸王龙都来自北美洲,而霸王龙的近亲——特暴龙则来自亚洲。暴龙类恐龙是白垩纪最后2 000万年的陆地霸主。前后较短而上下较深的头骨使得它们具有极强的咬合力,短小而强壮的前肢也不仅仅是装饰。它们巨大的香蕉状牙齿和其他肉食性恐龙的牙齿不同,其他肉食性恐龙的牙齿像是边缘锋利的刀刃,而暴龙类恐龙的牙齿则像是巨大的刺骨钢钉。暴龙类恐龙都具有以下典型特征——S形的脖颈,巨大的头颅,前肢长有两个指头,后肢较长,还有长长的、沉重的、用来保持平衡的尾巴。

大型暴龙类恐龙可以捕食角龙和鸭嘴龙。此外,科学家在一些暴龙类恐龙的化石上发现了其他暴龙类恐龙的咬痕,说明同类间可能发生过打斗,甚至是同类相食。幼年暴龙类恐龙可以快速奔跑,但成年暴龙类恐龙就不必这么做了,因为一只成年暴龙类恐龙可以轻易地置敌于死地。成年暴龙类恐龙的奔跑速度已经足以进行狩猎,而且除了狩猎外,它们也可能通过食腐来充饥。

科学家在同一个地点发现了至少9具不同发育阶段的阿尔伯塔龙个体遗骸,而在戈壁沙漠发现了68具被埋藏在一起的特暴龙骨骼,说明至少有一部分暴龙类恐龙是社会性动物,生活在一起并集体狩猎。

资料卡

1.霸王龙

Tyrannosaurus rex

生活时代:白垩纪晚期
化石发现地:北美洲
体长:12米 体重:6吨

霸王龙是最著名的恐龙之一,最早发现于1902年,曾引起大轰动。霸王龙嗅觉极佳,血盆大口里长着约60颗牙齿,无疑是最为凶残的杀手之一。2012年,一种体形较小,而且长有20厘米长的羽毛的暴龙类恐龙被发现,它就是华丽羽王龙。科学家由此推测,霸王龙很可能也长有羽毛,并且像其他暴龙一样集体狩猎。

由于保存完好的化石标本众多,科学家能够精细地观察霸王龙的外表、发育情况和行为。我们现在知道霸王龙在13至17岁时处于生长突增期,20多岁时完全成年。幼年个体长有刀子状的牙齿,随后变成圆锥状,头骨变厚,身体膨大。然而,霸王龙的成活率并不高。它们正常情况下可以活到30岁,但只有2%的化石标本显示它们活到了这个年龄,其余的都因各种各样的原因死亡而非自然死亡。

1

兽脚亚目

似鸟龙类

　　长而粗壮的双腿，大眼睛，细长的脖子，身披羽毛，有喙，似鸟龙类恐龙看上去很像现在的鸵鸟，因此它们拉丁文名字的意思是"像鸟的蜥蜴"，甚至大家经常会说它们是"鸵鸟一样的恐龙"。它们最早出现在白垩纪早期，一直生存到恐龙时代的尽头。大部分似鸟龙类恐龙的化石发现于北美洲和亚洲，在西班牙以及南非也有零星发现。

　　一些原始的类型，比如似鹈鹕龙和似鸟身女妖龙，体形较小，长有大量牙齿。而随后出现的一些更为进步的似鸟龙类恐龙，比如似鸡龙和似鸵龙，只有喙而没有牙齿。一些似鸟龙类恐龙体形巨大，比如似鸡龙，体长可达8米。

　　似鸟龙类恐龙可能是奔跑速度最快的恐龙之一，跟现在的鸵鸟类似。然而这个技能可能是用来躲避肉食性恐龙，而非捕食别的动物用的。尽管似鸟龙类恐龙也能吞食整个小型猎物，但植物依然是它们的主要食物来源。和现在的植食性动物一样，似鸟龙类恐龙用胃石来研磨坚韧的植物纤维。它们跟树懒一样的长手臂可以够到树枝，扯下树叶。根据化石记录，似鸟龙类恐龙是北美洲数量最多的恐龙之一，这也从侧面证明了它们是植食性动物，因为在生态系统中，植食性恐龙永远多于肉食性恐龙。似鸡龙群居，组成群体来抵御一些凶残的兽脚类恐龙的攻击，至少在幼年阶段如此。

———————————————— 资料卡 ————————————————

1.埃德蒙顿似鸟龙
Ornithomimus edmontonicus
生活时代：白垩纪晚期
化石发现地：北美洲
体长：3.8米　体重：170千克
以前，科学家一直认为埃德蒙顿似鸟龙是身披鳞片的，而最近发现的化石标本则显示它们长着羽毛：两个成年个体的小臂上有和鸟类相似的羽毛印痕，一个幼年个体的后背、大腿和脖子上有5厘米长类似毛发的细丝印痕。而在2015年发现的新标本上，科学家第一次在这种恐龙的尾巴上发现了羽毛印痕。以似鸟龙的体重来看，它们是无法飞行的，长长的羽毛可能是求偶时用来展示的。

2.奇异恐手龙
Deinocheirus mirificus
生活时代：白垩纪晚期
化石发现地：蒙古国
体长：12米　体重：6吨
曾经在将近50年的时间里，人们只发现了这种恐龙的一对长2.4米的前肢化石，其中指爪长达20厘米。最初，科学家们推测这对前肢属于一种大型肉食性恐龙，但现在我们知道它们属于一种样貌奇特、驼背的似鸟龙类恐龙。奇异恐手龙具有跟鸭子一样长长的吻部和没有牙齿的喙，而巨大的前肢并没有什么可怕的功用，只是用来取食和拉下树枝。

1

2

兽脚亚目

窃蛋龙类

这个长得很像鸟类的恐龙类群中，绝大多数成员来自亚洲，最近在北美洲还发现了一些新成员。在白垩纪晚期，白令陆桥将亚洲和北美洲连接起来，恐龙可以在两个大陆间自由穿梭。一些科学家甚至觉得窃蛋龙类恐龙实在太像鸟了，干脆把它们归到鸟类里。它们具有鹦鹉一样的喙，许多种类还长有精美的头冠。窃蛋龙类恐龙的体形差异很大，既有火鸡大小的尾羽龙，也有8米长的巨盗龙。

原始的窃蛋龙类恐龙，比如尾羽龙，喙里上下各长有8颗牙齿，而长相最奇特的恐龙之一——切齿龙，嘴的前端则长着大龅牙。然而较晚出现的窃蛋龙类恐龙是没有牙齿的。保存完美的化石证明，许多窃蛋龙类恐龙长有羽翼，至少有4种窃蛋龙类恐龙尾巴末端的骨骼结构和现代鸟类用来支撑尾羽的尾综骨近似。

窃蛋龙的拉丁文名字的原意是"偷蛋贼"，因为最早发现的一件化石标本显示，窃蛋龙正在原角龙的蛋窝里偷蛋，因此科学家给它们取了这样一个名字。然而，进一步的研究证明，窃蛋龙只是正趴在自己的蛋窝上孵蛋，跟现在的鸟类一样。这个推论得到了一种类似的恐龙——奥氏葬火龙的化石证据的支持。这种恐龙的化石被发现时，其形态像是正在孵化一窝自己的蛋。

化石证据显示，窃蛋龙类恐龙是杂食动物。人们在一件窃蛋龙类恐龙化石标本的胃部发现了小型蜥蜴的骨骼化石，而葬火龙化石标本的肚子里有伤齿龙的头骨化石；它们的食谱里还包含植物，证据是在一具尾羽龙化石的肚子里发现了胃石，这些胃石是用来研磨植物纤维的。

资料卡

1.二连巨盗龙
Gigantoraptor erlianensis
生活时代：白垩纪晚期
化石发现地：中国
体长：8米　体重：1.4吨
这种大型窃蛋龙类恐龙站起来有长颈鹿那么高，体重是第二重的窃蛋龙类恐龙——葬火龙的35倍。这种恐龙的发现解释了之前在同一地区发现的53厘米长的窃蛋龙蛋的来源。
二连巨盗龙是目前已知最大的长有喙的恐龙，如果它身上披有羽毛的话，那么，它将是地球历史上最大的长羽毛的动物。

2.维利安祖龙
Anzu wyliei
生活时代：白垩纪晚期
化石发现地：北美洲
体长：3米　体重：225千克
维利安祖龙绰号为"地狱鸡"，是在亚洲以外地区发现的最完整的窃蛋龙类恐龙。它的发现使得我们对北美洲的窃蛋龙类恐龙的外形有了更加完整的认识，而且这种恐龙的发现也向我们证明了"窃蛋龙"这个名字并不完全是张冠李戴，它上颚的小骨刺与现代吃蛋的蛇类的小骨刺完全相同。

3.黄氏河源龙
Heyuannia huangi
生活时代：白垩纪晚期
化石发现地：中国
体长：1.5米　体重：20千克
黄氏河源龙是一种没有头冠的窃蛋龙类恐龙，其化石被发现在数以千计的恐龙蛋旁边。研究发现，这些蓝绿色的恐龙蛋能够被很好地伪装起来以躲避天敌。

1

2

3

兽脚亚目

镰刀龙类

人们在北美洲和亚洲发现了镰刀龙类恐龙化石,这种恐龙是最近几十年来发现的长相最奇特的恐龙之一。它们长有长长的脖子、宽大的身躯,后足上有4个脚趾,这些特征使它们看上去很像原始的蜥脚形类恐龙。然而,进一步观察,你会发现它们的腕部和腰带骨骼结构揭示了它们是一种奇特的兽脚类恐龙,而且还是一种植食性兽脚类恐龙。沉重的身躯,像锅一样的大肚子和小短腿,决定了镰刀龙仅凭奔跑速度是捕不到猎物的。此外,它们的颌骨上长着成排的小型叶片状牙齿,很适合咀嚼树叶,而圆形的喙则刚好可以用来"收割"树叶。但是这样一来,它们强壮的前肢和指爪就成了谜。这个类群里体形最大的种类——镰刀龙,有2.5米长的手臂,前端长着75厘米长的镰刀形指爪,是恐龙里面指爪最长纪录的保持者。如果这种恐龙不是吃肉的,要这么长的爪子干吗?

科学家现在认为镰刀龙类恐龙会用它们弯曲的指爪抓握树枝并扯下树叶,就像现在的树懒那样。但这并不是爪子唯一的用途——镰刀龙和勇士特暴龙生活在同一栖息地,镰刀龙强有力的爪子也是很好的防身武器。

镰刀龙类恐龙很可能也是社会性动物。铸镰龙是一种非常原始的镰刀龙类恐龙,300具铸镰龙化石在同一地点被发现。2011年,17窝镰刀龙蛋一起出土。如此多的镰刀龙蛋埋藏在同一地点,说明镰刀龙曾在此一起生活,至少繁殖季节如此。

资料卡

1. 龟形镰刀龙

Therizinosaurus cheloniformis

生活时代:白垩纪晚期
化石发现地:蒙古国
体长:10米　体重:5吨

这种恐龙目前只有一具不完整的骨骼化石,包括部分后肢、压扁的肋骨及强有力的前肢和指爪。

这具骨骼化石于1948年在蒙古国西南部的纳摩盖吐组地层被发现,最初被认为是一种长得像乌龟的蜥蜴,拉丁文名字的意思是"乌龟形镰刀蜥蜴"。到了20世纪70年代,龟形镰刀龙被归入恐龙,而且直至1973年另一种白垩纪晚期更小的镰刀龙类恐龙——慢龙被发现,科学家才知道龟形镰刀龙到底长什么样子。慢龙的化石包括头骨和叶片状的牙齿,这也从侧面证明了龟形镰刀龙可能是植食性动物。1996年,一种更加原始的镰刀龙——北票龙的羽毛印痕化石被发现,证明镰刀龙类恐龙的身上长有长而柔软的羽状纤维。

1

兽脚亚目

伤齿龙类

　　这是一类长着长腿、可以快速奔跑、很像鸟类的肉食性兽脚类恐龙。它们的化石在北半球极为常见，最北发现于美国的阿拉斯加，最南出现在美国的怀俄明州，最东分布于蒙古国。其中，白垩纪早期的只有鸭子大小的寐龙、白垩纪晚期的蒙古蜥鸟龙和细脚无聊龙，都来自戈壁沙漠。目前已知最大的伤齿龙类恐龙发现于阿拉斯加，体长可达4米。

　　伤齿龙类恐龙是熟练灵巧的猎手。它们具有发达的听力，两侧的耳朵一高一低，可以帮助它们在夜间仅凭听觉就能精准确定猎物的位置。这一特征除了这种恐龙外，只在猫头鹰身上可见。它们的大眼睛位于面部正前方，可以呈现双眼立体视觉，同样适合在微弱的光亮里聚焦并捕捉猎物。伤齿龙类恐龙可能会攻击熟睡的幼年鸭嘴龙，科学家曾发现幼年埃德蒙顿龙的身上有伤齿龙的咬痕。它们也可能集体捕猎，这样就可以享用大型猎物。小型哺乳动物、蜥蜴和昆虫也同样是它们的主要食物。它们会使用指爪抓取猎物并在捕食昆虫时掘开土地。

　　伤齿龙类恐龙另一个出名的地方是它们的智力。动物的智力水平和它们的大脑在身体中所占的比重有很大关系。伤齿龙类恐龙是大脑在身体中所占的比重最大的恐龙之一，它们的大脑占身体的比重约为1%，堪比许多现代哺乳动物。

资料卡

1. 俊俏伤齿龙
Troodon formosus
生活时代：白垩纪晚期
化石发现地：北美洲
体长：2米　体重：50千克

最初，俊俏伤齿龙的化石只有1856年在美国蒙大拿州发现的一颗向后弯曲、带有锯齿的牙齿。这也反映在这类恐龙的拉丁文名字的原意——"伤害性的牙齿"上。这颗牙齿是在北美地区发现的最早的恐龙化石，最初曾被当成蜥蜴的牙齿。后来研究证明，它属于一类手盗龙类恐龙——现代鸟类的祖先。

伤齿龙生活在7500万年前—6600万年前的白垩纪晚期，细长的后肢上的第二趾上长有可伸缩的大型镰刀形趾爪，奔跑时这个趾爪并不着地。1984年，古生物学家杰克·霍纳发现了一个共有19枚伤齿龙蛋的蛋巢。这个蛋巢呈圆盘状，建造在沉积物上。令人惊讶的是，每枚蛋里都保存有细小的伤齿龙胚胎骨骼化石，这也是全世界最早发现的恐龙胚胎化石。

1

兽脚亚目

驰龙类

这是一类奔跑迅速、身手敏捷、身披羽毛的肉食性恐龙，最早出现在侏罗纪中期，到了白垩纪才真正繁盛起来，扩散至世界各地。驰龙类恐龙都具有S形的脖子，与其他手盗龙类恐龙（最接近鸟类的一个恐龙类群）一样，它们具有较长的前肢，一些种类将前肢折叠在身体两侧，就像现代鸟类的翅膀那样。驰龙类恐龙同时具有相对较大、可以抓握的手，3个长长的手指上长着巨大的指爪。

驰龙类下有一个子类群：真驰龙类恐龙，也就是大众熟知的"盗龙"。它们比其他驰龙类恐龙更大，最大的犹他盗龙来自美国，和北极熊差不多大。真驰龙类恐龙主要吃其他脊椎动物，和伤齿龙类恐龙一样，第二趾上长有镰刀形的趾爪。它们在奔跑时，这对足以致命的趾爪会抬离地面；它们在攻击更大的恐龙时，这对趾爪会作为杀伤性武器。这些真驰龙类恐龙很可能会跳到猎物的身上，用它们前肢上刀片状的指爪割开猎物的肉，或者将后肢上的趾爪深深地插入猎物身体，就像钉鞋上的鞋钉一样，让整个身体贴在猎物身上。

2001年的一个发现解开了更多的关于驰龙类恐龙行为的谜团。6个犹他盗龙化石——1个婴儿恐龙化石、1个成年恐龙化石和4个幼年恐龙化石，以及一些植食性的禽龙类恐龙化石在一块砂岩中被同时发现。古生物学家认为，这些犹他盗龙试图攻击陷入流沙中的禽龙，但最后自己也身陷其中。如果这个猜想正确的话，那么就为驰龙类恐龙群体狩猎提供了新的证据。

资料卡

1. 费氏斑比盗龙
Bambiraptor feinbergi
生活时代：白垩纪晚期
化石发现地：美国
体长：1.3米　体重：5千克
最早发现的费氏斑比盗龙化石是一个幼年个体，因为年龄较小，古生物学家便用迪士尼动画里的角色名"小鹿斑比"为它命名。费氏斑比盗龙具有较长的后肢，说明它们可以快速奔跑。相对其体形而言，它们的大脑在身体中的占比较大。

2. 平衡恐爪龙
Deinonychus antirrhopus
生活时代：白垩纪中期
化石发现地：美国
体长：3.4米　体重：73千克
平衡恐爪龙的拉丁文名字的意思是"恐怖的爪子"，特指其镰刀状的致命指爪，它们被用来割开猎物的肉。

3. 斯氏达科他盗龙
Dakotaraptor steini
生活时代：白垩纪晚期
化石发现地：美国
体长：5.5米　体重：200千克
这是一种大型盗龙类恐龙，体形仅次于犹他盗龙。它的前肢上长有飞羽，可以在按住猎物时保持平衡。尽管斯氏达科他盗龙太重了，飞不起来，但其身上的羽毛依然说明它是由一种会飞的恐龙演化而来的。斯氏达科他盗龙和霸王龙生活在同一时代和地区，如果斯氏达科他盗龙集体狩猎的话，它们或许可以与霸王龙争夺猎物。

1

2

3

兽脚亚目

龙鸟

在中国东北的辽宁省，高低起伏的农田下有着令全世界瞩目的化石层。1.3亿年前—1.1亿年前的白垩纪早期，频繁的火山喷发导致生活在那里的动植物被埋藏在细腻的火山灰和尘土颗粒中，这些动物的软体组织、胃容物、皮肤、羽毛等生命的细节被完美地保存下来。

20世纪90年代，在辽宁省发现了一系列有羽毛印痕的恐龙化石。这些化石重新引发了古生物学家关于鸟类和恐龙之间关系的争论。这些化石中的羽毛印痕涵盖了从最简单的绒毛到现代鸟类的飞羽之间的各种类型，揭示了现代鸟类的飞羽和羽翼早在它们被用来飞行之前就已经出现了。

这些长着羽毛的"龙鸟"生活在当时辽宁省温暖的气候环境里，茂密的森林里点缀着明镜般清澈的湖泊。"龙鸟"身边生活着巨大的昆虫，还有鼩鼱一样的动物和小狗般大小、以更小的恐龙为食的其他哺乳动物。当时的青蛙和乌龟已经和现在的形态非常相似。原始的鸟类在树枝间滑翔，长着羽毛的奇特的恐龙则在树上攀爬。

资料卡

1.千禧中国鸟龙
Sinornithosaurus millenii
生活时代：白垩纪早期
化石发现地：中国
体长：90厘米　体重：1.5千克
这种长着羽毛的驰龙类恐龙与伶盗龙亲缘关系很近，而且是最早发现的有毒恐龙。科学家在它们的尖牙中发现了凹槽，进一步推测它们的颌骨上长有毒液囊。仔细观察了化石后，研究者认为千禧中国鸟龙捕食鸟类及其他小型恐龙，捕食方式可能是藏匿在低悬的树枝上，悄无声息地猛扑向猎物。

2.圣贤孔子鸟
Confuciusornis sanctus
生活时代：白垩纪早期
化石发现地：中国
体长：50厘米　体重：1千克
圣贤孔子鸟是恐龙向现代鸟类演化的过渡阶段，也是最早退化掉了爬行动物牙齿而长出更轻的角质喙的古鸟类。它无疑能够飞翔，但仍有别于现代鸟类，翅膀上还长有爪子。它的后肢上长有弯曲的趾爪，可以适应树栖生活。

3.寐龙
Mei long
生活时代：白垩纪早期
化石发现地：中国
体长：约53厘米　体重：0.4千克
这种鸭子般大小的伤齿龙类恐龙，因将头蜷缩在翅膀下的睡姿而广为人知，这个睡姿与安眠的鸟类一样，因此它名字的意思为"熟睡的恐龙"。

4.原始中华龙鸟
Sinosauropteryx prima
生活时代：白垩纪早期
化石发现地：中国
体长：1.07米　体重：0.55千克
1996年，这种恐龙成为最早被发现的长着羽毛的非鸟恐龙。原始中华龙鸟身上覆盖着一层简单的红棕色丝状绒毛，科学家认为这是一种原始类型的羽毛。原始中华龙鸟与真正的鸟类的亲缘关系较远，它身上的原始羽毛意味着许多兽脚类恐龙都长有羽毛，而非之前认为的那样长着鳞片。

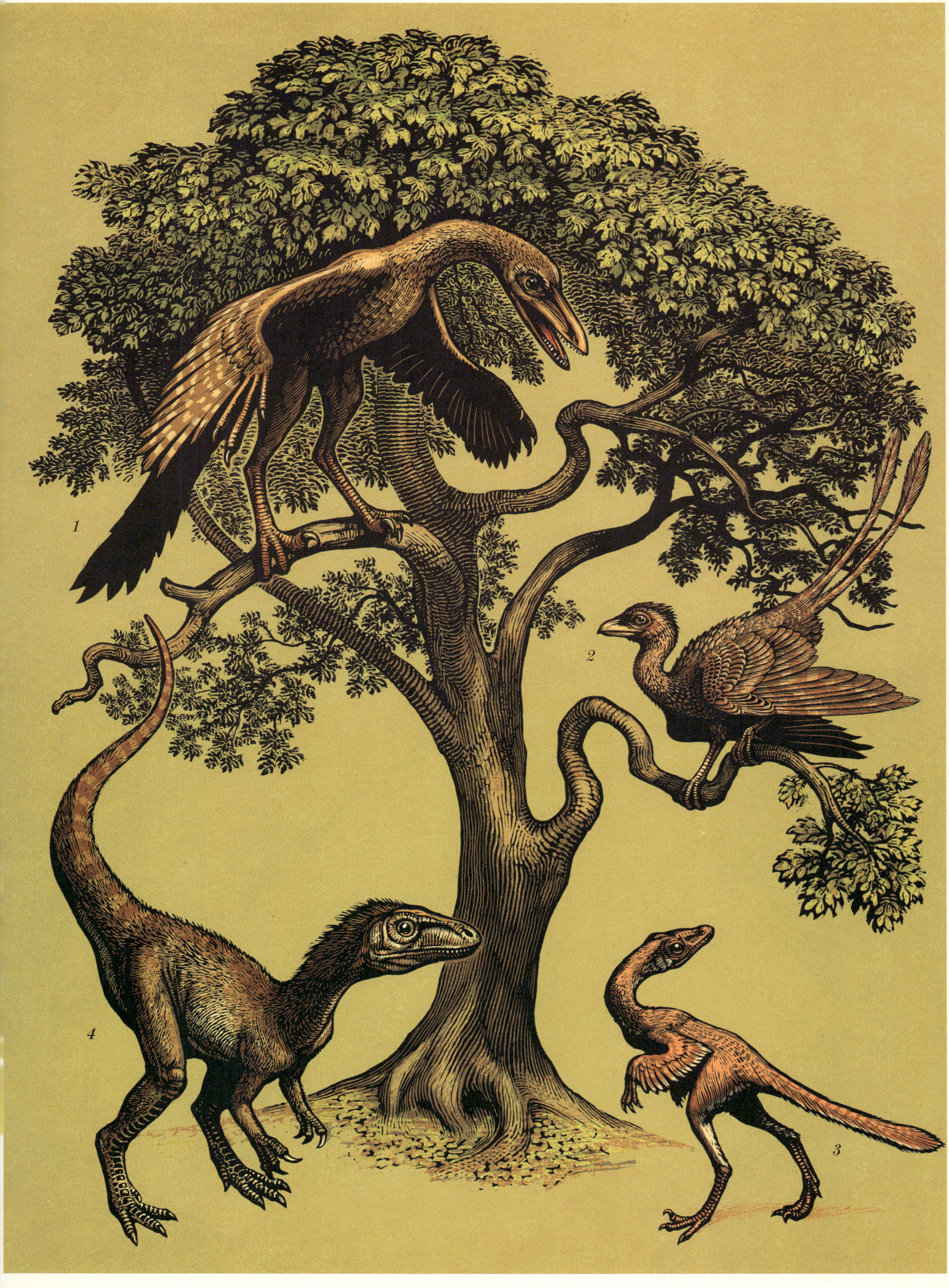
1
2
4
3

恐龙博物馆

三号展馆

鸟脚亚目

鸟脚亚目

原始鸟脚类

侏罗纪

禽龙类

鸭嘴龙类

蛋山

鸟脚亚目

鸟脚亚目

鸟脚亚目恐龙是鸟臀目恐龙下一个多样性很高的类群，包括一些中生代最成功的植食性恐龙。鸟脚亚目这个名字特指这类恐龙的脚上有3个脚趾，尽管许多原始类型有4个脚趾。鸟脚亚目恐龙的特征是具有角状的喙，不像其他鸟臀目恐龙那样身披"甲胄"。

鸟脚亚目恐龙包括畸齿龙类恐龙、棱齿龙类恐龙和鸭嘴龙类恐龙，它们适应各种生境，从侏罗纪中期一直延续到白垩纪最晚期。

早期的鸟脚亚目恐龙是畸齿龙类恐龙和棱齿龙类恐龙，它们娇小敏捷，双足活动。较晚出现的鸟脚亚目恐龙体形更大，尽管它们在体形上无法与蜥脚类恐龙相比；它们四足行走，更加适应植食。与它们的早期近亲不同的是，鸟脚亚目恐龙前牙退化消失，用颊囊帮助处理食物。

鸟脚亚目恐龙长有强有力的颊齿和下颌，非常适合咀嚼。坚固的颊齿可以将食物研磨得更细碎，这样可以更快速地吸收食物中的营养，使它们成为爬行动物历史上最高效的植食者。鸟脚亚目恐龙的化石遍布各个大陆，到了白垩纪最后阶段，它们是种类最丰富的恐龙类群之一。

—————————————————— 资料卡 ——————————————————

1.提氏腱龙
Tenontosaurus tilletti
生活时代：白垩纪早期
化石发现地：北美洲
体长：8米　体重：1.5吨
这种鸟脚亚目恐龙是禽龙的近亲，既可以四足行走，又可以双足行走。提氏腱龙坚硬的骨质尾巴占到整个身体长度的一半以上。

提氏腱龙是少数被发现有髓质骨的恐龙之一，髓质骨被包裹在骨骼内部。只有雌性提氏腱龙才有髓质骨，用来保存产蛋时所需的钙质。除了提氏腱龙之外，科学家在现代鸟类、霸王龙和异特龙身上也发现过髓质骨。提氏腱龙是它们的远亲，这说明所有恐龙可能都具有髓质骨。此外，人们在一个还没有完全发育的提氏腱龙的化石标本中也发现了髓质骨，这说明提氏腱龙在完全发育之前就达到了性成熟。许多提氏腱龙化石都和恐爪龙化石埋藏在一起，在一个幼年提氏腱龙化石上还留有恐爪龙的咬痕，只是无法判断这些咬痕形成时提氏腱龙是否还活着，也有可能恐爪龙当时只是在食腐。

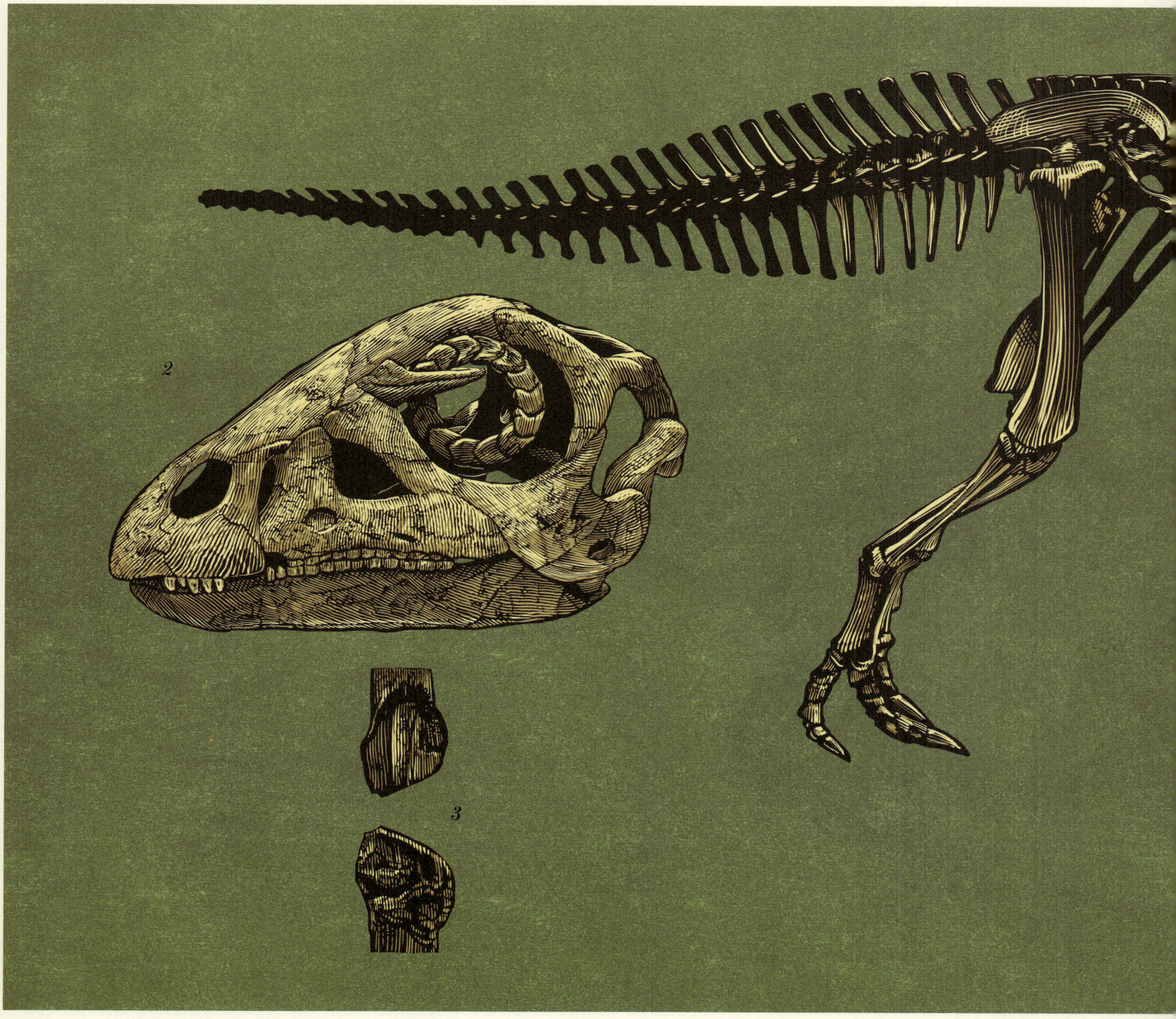

| 鸟 脚 亚 目 |

原 始 鸟 脚 类

  原始鸟脚类恐龙是一些行动迅速、身体轻盈的植食性恐龙,它们靠双足行走。原始鸟脚类恐龙的其他特征包括:体形较小,喙较尖锐,具有颊囊和较长的骨质尾巴。

  原始鸟脚类恐龙从侏罗纪晚期持续繁衍到白垩纪,种类众多,如棱齿龙、阿特拉斯科普柯龙、掘奔龙和奔山龙。

  一些原始鸟脚类恐龙可能是潜穴者。掘奔龙是最早在地下50厘米的潜穴中发现的恐龙,被发现时,3个个体埋藏在一起,其中包括1个成年个体和2个幼年个体,这说明潜穴是用来养育和保护后代的。掘奔龙和奔山龙都具有较宽的吻部和前肢,适合挖洞。

资料卡

1.福氏棱齿龙

Hypsilophodon foxii

生活时代：白垩纪早期

化石发现地：英国

体长：1.8米　体重：50千克

福氏棱齿龙最早发现于1849年，之后的很多年里，人们都误以为福氏棱齿龙长着可以对握的脚趾，这种脚趾很适合爬树。现在，我们知道它生活在地上，取食低矮的植物。它可以用喙从苏铁果球中取食种子，然后用宽大的后牙把种子嚼碎。

头骨和颌骨的形状证明福氏棱齿龙具有颊部，这有助于它在吞咽食物前进行充分的咀嚼。它的每只后脚上都有4个脚趾（其他鸟脚类恐龙一般只有3个脚趾），它还长有突出的骨质眼睑。

目前，所有的棱齿龙化石都是在英国南部的怀特岛发现的。科学家认为这些恐龙死于流沙。许多骨骼化石发现于同一区域，说明这种恐龙过着群居生活。

2.棱齿龙的头骨

棱齿龙的头上长有较大的眼眶和巩膜环。巩膜环是由一组围绕在眼球周围的小骨骼组成的环，可以增强眼球的聚焦能力，尤其是在光线较暗的地方。

3.棱齿龙的后牙

棱齿龙的后牙有脊，较宽，呈凿子形，边缘很锋利，很适合从植被上剥离叶子。

侏罗纪时期的陆地生命

侏罗纪

  一场大灭绝事件标志着三叠纪的结束和侏罗纪的开始。半数以上的已知物种走向灭亡，这为恐龙家族留出了生存空间。恐龙不辱使命，成为陆生动物中的统治者。

  盘古大陆在这个时期继续分裂。海平面上升，海水淹没了大陆之间的沟壑，形成了温暖、潮湿的气候。地球上的植物开始走向繁盛，以蕨类、银杏、松柏和苏铁等植物为主的森林覆盖了大面积的陆地。早期哺乳动物在灌丛中匍匐前行，大型蜥脚类恐龙在陆地上悠闲漫步，它们和剑龙、甲龙，以及体形更小的鸟脚类恐龙一起享用着美味的植物盛宴。

  侏罗纪时期的许多兽脚类恐龙体形庞大，比如异特龙，它们可以捕杀最大的蜥脚类恐龙。这时也出现了身手敏捷的虚骨龙类恐龙和最早的鸟类——始祖鸟，这种古鸟类很可能是早期虚骨龙类恐龙的后裔。原始的鸟类和长有皮膜翅膀的翼龙一起分享着蓝天。

  鱼龙、蛇颈龙、史前巨鳄、鲨鱼和鳐鱼这些远古动物在海洋中一起徜徉，它们和远古乌贼、菊石、海绵，以及其他海洋动物共享着这片迷人的侏罗纪海洋。

资料卡

1. 孔子天宇龙
Tianyulong confuciusi
体长：70厘米　体重：800克
这种恐龙的体形与猫相当，它最出名的是后背和尾巴上长着毛状结构，这种结构与绒毛近似。在孔子天宇龙被发现之前，所有长羽毛的恐龙都属于蜥臀目下的虚骨龙一支。而孔子天宇龙却属于鸟臀目。它身上的毛状结构要么说明这种结构是鸟臀目恐龙单独演化出来的，要么说明鸟臀目和蜥臀目恐龙的共同祖先早已经长出了羽毛。无论真相如何，孔子天宇龙的发现都证明，恐龙身上的覆盖物比之前想象的更复杂。

2. 侏罗络新妇蛛
Mongolarachne jurassica
体长：1.65厘米　腿长：5.82厘米
侏罗络新妇蛛化石是目前已知最大的蜘蛛化石。这种蜘蛛的身上长有绒毛，它们可以用极黏的丝织出圆形的网。

3. 蚌壳蕨
Dicksonia
这是一类长有粗短、笔直和多纤维的树干的树蕨，顶部长有宽大的蕨类叶片。

4. 威氏苏铁
Williamsonia
这类种子植物长有结实的茎干和许多类似蕨类的叶子，并且能开出10厘米长的"花"。威氏苏铁最早出现在三叠纪，侏罗纪时期日渐繁盛。

5. 银杏
Ginkgo
银杏是一种不开花的裸子植物，叶柄成簇，叶片浅裂，每个枝上长有一颗种子，现存仅一个种。中国有野生的银杏。

6. 中华侏罗兽
Juramaia sinensis
体长：7～10厘米　体重：15克
这是一种和鼩鼱差不多大小的哺乳动物，生活在1.6亿年前的中国地区，被认为是有胎盘哺乳动物（现代哺乳动物的最大分支，长有为胎儿供给营养的胎盘）的已知最早的祖先。中华侏罗兽的前肢适合攀爬，后肢适合在蕨类的叶子间腾挪跳跃，捕食昆虫。

鸟脚亚目

禽龙类

禽龙、斑龙和林龙是最早被理查德·欧文用来定义"恐怖的蜥蜴",也就是恐龙这个类群的3种爬行动物。

禽龙最初发现于1822年,是最早被正式命名的恐龙之一。当时在英国的萨塞克斯郡挖掘出了一些零散的牙齿化石。3年后,一位狂热的化石爱好者、乡村医生吉迪恩·曼特尔根据这些化石,向人们描述了一种由他命名的、被称之为"*Iguanodon*"(意思是"鬣蜥的牙齿",中文译为"禽龙")的爬行动物,因为这些化石很像鬣蜥的牙齿,只是大得多。根据牙齿的尺寸,禽龙被推测有20米长(这比现在我们知道的禽龙体长长了1倍),而且被想象成一种和鬣蜥一样笨拙的四足怪兽。早期的禽龙复原形象甚至把它的钉状拇指放到了鼻尖处,比如19世纪50年代早期在伦敦水晶宫制作的禽龙复原雕塑。

1878年,人们在比利时的贝尼萨尔煤矿坑,发现了30具完整的禽龙骨架化石,这时人们对禽龙的认识才发

生了变化。这些骨架化石可能来自一场山洪灾难的受难者，不仅多数标本接近完整，而且部分骨骼仍连接在一起，展现了骨骼之间的连接方式。此后，禽龙成为世界上被研究得最透彻的恐龙之一。

新的发现及老化石材料的重新研究证明，禽龙类恐龙的多样性要远高于过去认为的那样。

资料卡

1. 贝尼萨尔禽龙
Iguanodon bernissartensis
生活时代：白垩纪早期
化石发现地：英国、比利时、德国
体长：10米　体重：3.2吨

这种庞大笨重的植食性恐龙可能绝大多数时间都是四足行走，但有时也会仅用比前肢更长的后肢移动。它只能慢步行走，不能快速奔跑，也只能低头取食地面的植物。贝尼萨尔禽龙长有骨质的喙及密集的牙齿，适合研磨坚韧的植物纤维。头骨的形状说明它与其他鸟脚类恐龙一样，具有类似颊囊的结构，可以在嘴里暂时储存食物。

2. 禽龙的手
如图所示，禽龙每只手上长有1根钉状拇指，3根中指，以及1根用来觅食、可以抓握的小指。作为禽龙最出名的特征之一，它的钉状拇指的功能还存在一些争议。一些科学家认为这根钉状拇指是用来抵御掠食者和禽龙同类竞争对手的武器，另一些科学家则认为这根拇指是用来劈开大型种子和果实的工具。

鸟脚亚目

鸭嘴龙类

　　这类长着宽大、扁平的鸭嘴形嘴巴的恐龙在上百万年的时间里都是全世界占主导地位的植食性动物。它们由禽龙类恐龙演化而来，在白垩纪时期繁盛于今天的亚洲、美洲和欧洲地区。鸭嘴龙就好比中生代的牛，成群结队地漫步在当时的陆地上，用可以交错的牙齿快速啃食低矮的植物。它们的喙状嘴很适合切断树叶，所有的鸭嘴龙类恐龙嘴里都有数百乃至上千颗细小的颊齿，排列成形似搓衣板的牙齿列阵，用于研磨植物纤维。它们进食的动作也是独一无二的，在现生动物中从未发现，这是由于它们上颌和头骨其他部分形成了铰链。当鸭嘴龙咀嚼时，它们的牙齿相互滑向两侧，从而准确地切断、研磨植物，同时对头骨其他部分形成尽可能小的压力。

　　鸭嘴龙类恐龙下有两个亚科。赖氏龙亚科恐龙具有中空的头冠，栉龙亚科恐龙具有实心的头冠或没有头冠。

―――――――――――――――― 资料卡 ――――――――――――――――

1.沃氏副栉龙
Parasaurolophus walkeri
生活时代：白垩纪晚期
化石发现地：北美洲
体长：9米　体重：2.5吨
科学家为这种鸭嘴龙的头骨做了一个电脑模型，并模拟向头冠中扭曲的管道吹气，结果出现了低沉的隆隆声，这种声音能够在平原上回响连绵。

2.棘鼻青岛龙
Tsintaosaurus spinorhinus
生活时代：白垩纪晚期
化石发现地：中国
体长：10米　体重：3吨
这种大象大小的植食性恐龙长着向前伸的头冠，因此也被称为"独角恐龙"。其头冠是中空的，可能用来调节体温、增强嗅觉，或者单纯用作展示。

3.赖氏赖氏龙
Lambeosaurus lambei
生活时代：白垩纪晚期
化石发现地：加拿大
体长：9米　体重：2.5吨
赖氏赖氏龙与盔龙形态近似，而且亲缘关系较近，其头冠向后伸且前端长出了中空的鼻道。头冠的形态会随着其年龄增长而变化。

4.帝王埃德蒙顿龙
Edmontosaurus regalis
生活时代：白垩纪晚期
化石发现地：北美洲
体长：14米　体重：4吨
多年以来，科学家一直认为帝王埃德蒙顿龙没有头冠，直到2013年发现了一个帝王埃德蒙顿龙的头骨化石。这个化石表明帝王埃德蒙顿龙的头上长有20厘米长的柔软头冠，像公鸡的鸡冠一样。这个头冠可能是用来展示的。

5.窄吻栉龙
Saurolophus angustirostris
生活时代：白垩纪晚期
化石发现地：蒙古国
体长：12米　体重：3.5吨
窄吻栉龙是亚洲最常见的鸭嘴龙类恐龙，长长的尖刺状头冠完全由鼻骨构成，呈中空状。幼年个体的头冠更小。

6.鹤鸵盔龙
Corythosaurus casuarius
生活时代：白垩纪晚期
化石发现地：加拿大
体长：9米　体重：2.5吨
与副栉龙一样，鹤鸵盔龙用头冠来展示或发声。头冠里长着中空的管道，其作用类似共鸣箱。

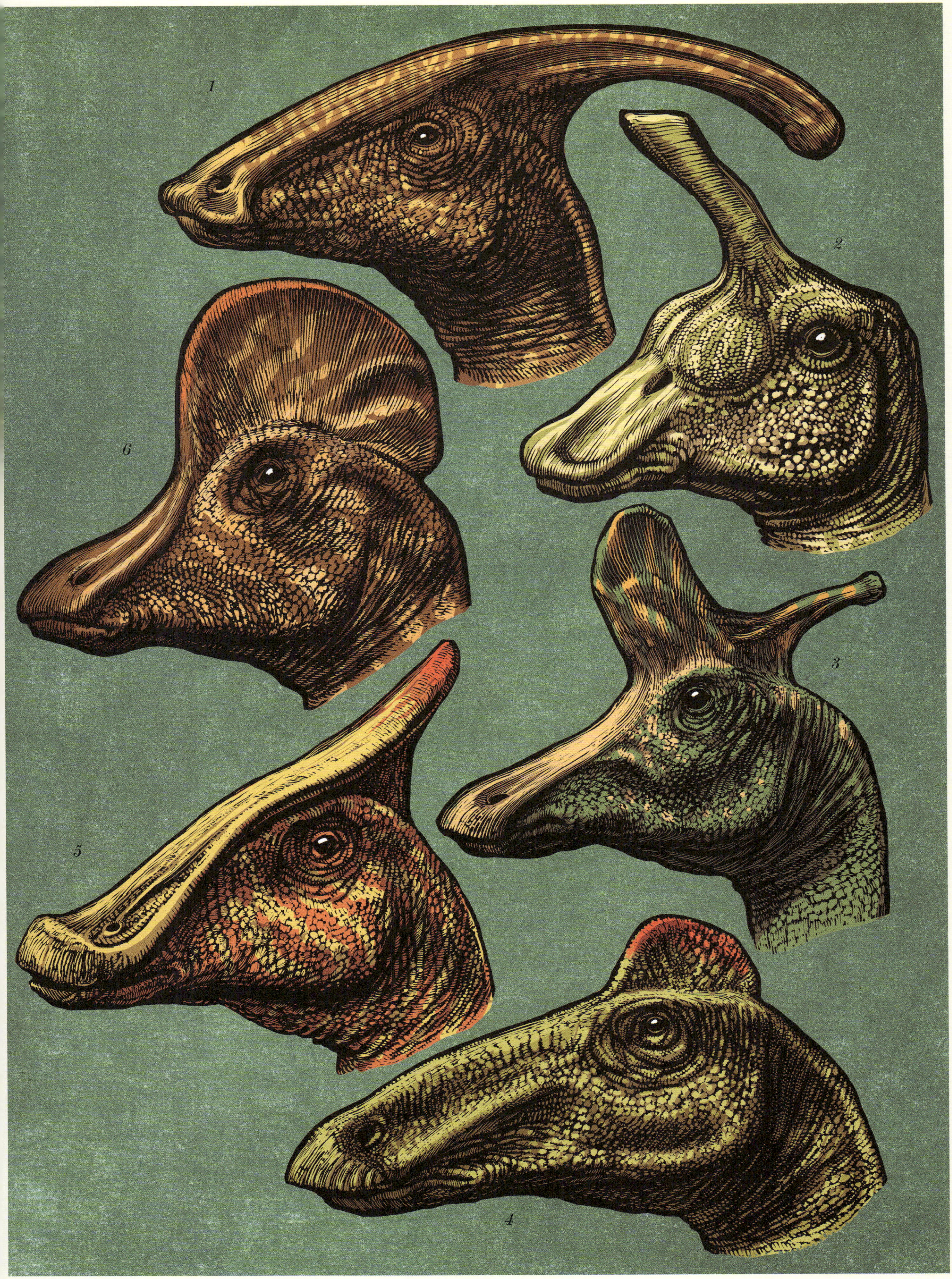
1
2
6
3
5
4

鸟脚亚目

蛋山

约7 700万年前，在如今美国蒙大拿州落基山区的高原上，一群慈母龙正在筑巢产蛋。但是，有许多蛋没能孵化就被火山灰掩埋。这些蛋最终保存了下来，成为用于进一步研究的化石材料。

1979年，古生物学家杰克·霍纳组织发掘了这个化石点，并将它命名为"蛋山"。这些化石第一次揭示了恐龙会照顾幼崽。这个地点出土了上百件慈母龙化石标本，从婴儿、幼年到成年都有，旁边还有许多恐龙蛋的碗状蛋巢。蛋巢附近有一些已经两个月大的幼年个体，这说明慈母龙照顾幼崽的时间比其他恐龙要长。用于哺育的植物也出现在化石点，说明慈母龙会从别处带回食物给它们的幼崽喂食。此外，刚孵化出来的恐龙幼崽牙齿上的磨损痕迹也证明了这一点。这些小家伙太弱小了，是不可能自己觅食的。

人们还在这里发现了伤齿龙的化石标本，说明它们也会在这个区域筑巢。此外，这里还有最大的飞行爬行动物——翼龙的残骸，可惜尚未被命名。

资料卡

1.皮氏慈母龙
Maiasaura peeblesorum
生活时代：白垩纪晚期
化石发现地：美国
体长：9米　体重：3吨
皮氏慈母龙的拉丁文名字的意思是"好妈妈蜥蜴"，化石显示它正在照顾蛋和幼崽。慈母龙属于鸭嘴龙类恐龙，以植物的叶子、果实和朽木等为食。科学家认为皮氏慈母龙在白垩纪晚期的平原上以庞大的群落集体行动，在回到蛋巢前，可能有上万只。
皮氏慈母龙可能将后代养育到这些小家伙可以跟上恐龙群活动时，再一起穿过干旱的平原去寻找食物。

2.蛋巢
直径：1.8米
这些碗状的蛋巢由土和腐烂的植物构成。皮氏慈母龙如果亲自坐上去就太重了，因此它们用植物腐烂时释放的热量来孵蛋。每个蛋巢相距7米左右，这个距离还没有一只慈母龙长，如此构成了一大片"恐龙产房"。
杰克·霍纳还发现，这些蛋巢化石在岩石中层层叠加，证明慈母龙群每个季节会回到同一地点产蛋。

3.蛋
长度：15厘米
皮氏慈母龙的蛋大概有柚子那么大，每个蛋巢有30枚左右的蛋，呈圆形或螺旋状排列。

4.刚孵化出来的恐龙幼崽
体长：40厘米　体重：1千克
皮氏慈母龙宝宝刚孵化出来时体形非常小，但是成长速度很快，1岁时体长大约为147厘米，8岁时就可以达到成年体形。1岁以内的慈母龙幼崽死亡率为89.9%，2岁时降到12.7%。皮氏慈母龙幼年时用两足行走，成年后大多数时间用四足行走。

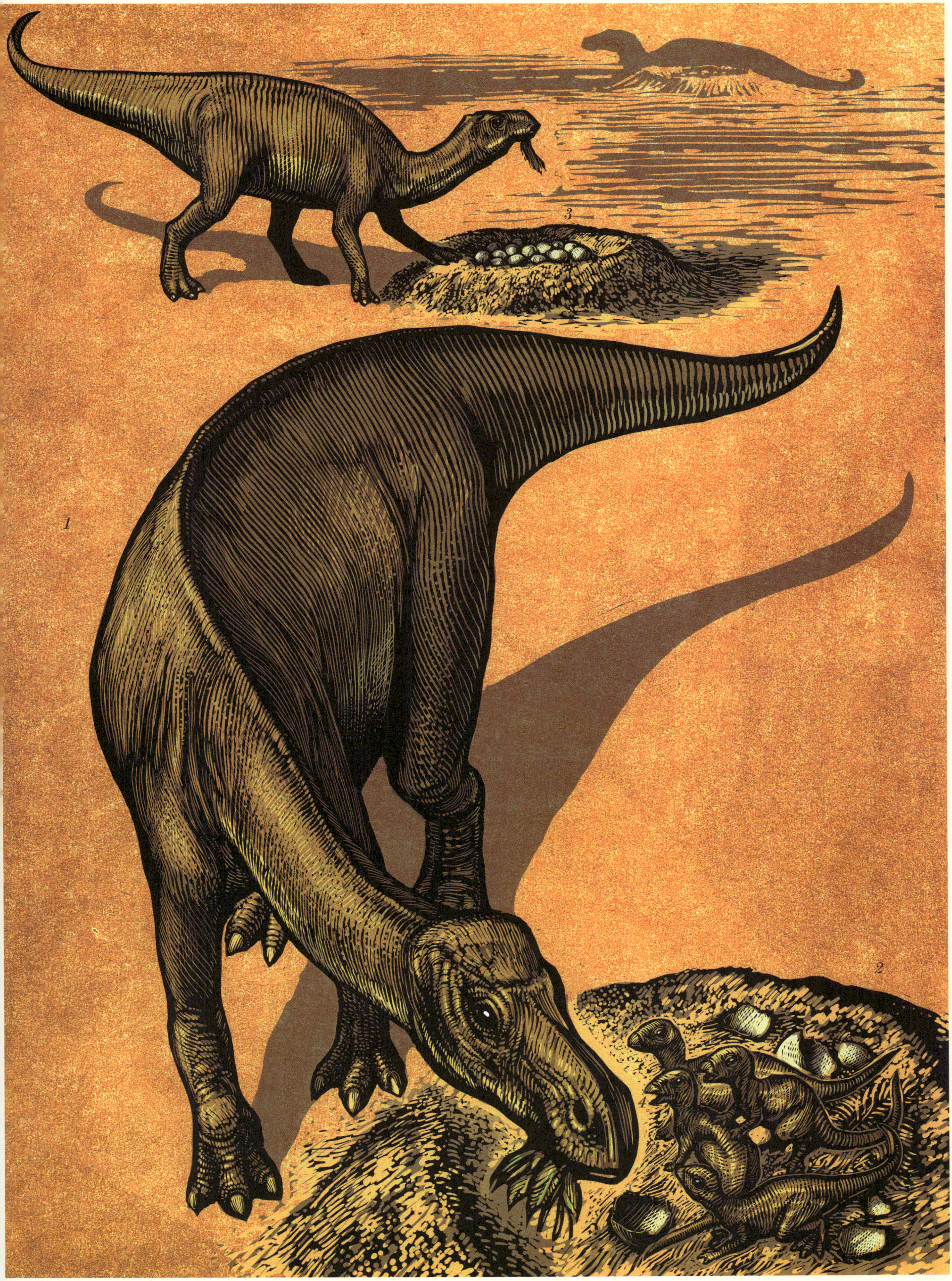
3
1
2

恐龙博物馆

四号展馆

装甲亚目

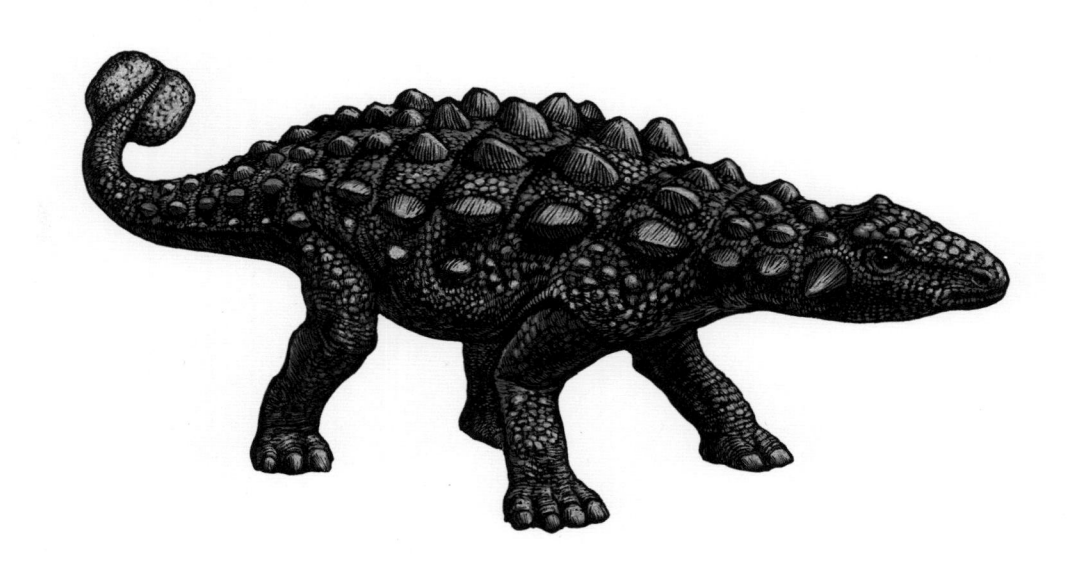

装甲亚目

剑龙类

甲龙类

白垩纪

装甲亚目

这一类鸟臀类恐龙从侏罗纪早期一直延续到白垩纪晚期,它们的化石遍布全球的各个生态环境。装甲亚目的拉丁文原意是"带盾者",但大家都称它们为"装甲的恐龙",以此来表现它们的特征:身上披有用以抵御同时代掠食者的坚硬骨甲。

原始的装甲亚目恐龙体形较小,身上的盾甲也比更为进步的类型要少。比如腿龙——一种侏罗纪早期生活在今天的英国境内的原始装甲亚目恐龙,体长4米,身上仅略微覆盖着一层长在皮肤里的骨质物,有点像鳄鱼。这些骨质物被称为皮内成骨,里面含有角蛋白(一种构成指甲和犀角的物质),成列地分布在装甲亚目恐龙的后背上。这种皮内成骨锋利、坚硬,足以抵挡掠食者的尖牙利齿。

装甲亚目恐龙分为两个主要类群——长有成排骨板和尖刺的剑龙类恐龙和身披厚厚的铠甲、犹如坦克一样的甲龙类恐龙。

所有的装甲亚目恐龙都是植食性恐龙。它们有蹄子一样的趾爪,上下颌的前端长着角质喙,用来从低矮的树枝上撕扯下树叶。与鸭嘴龙等其他鸟臀类恐龙不同的是,装甲亚目恐龙没有长出复杂的齿列来研磨食物,它们的牙齿更适合切割树叶、细枝等,随后再用巨大的肠胃将食物消化。

资料卡

1. 劳氏小盾龙
Scutellosaurus lawleri
生活时代:侏罗纪早期
化石发现地:美国
体长:1.3米 体重:10千克

作为最原始的装甲亚目恐龙,同时也是已知最早的鸟臀类恐龙之一,劳氏小盾龙的化石发现于美国亚利桑那州的红黏土中,这些沉积物形成于距今约1.96亿年前。劳氏小盾龙的化石包括部分头骨、牙齿和部分头后骨骼。劳氏小盾龙用双足行走(几乎所有其他装甲亚目恐龙都是四足行走),但寻找食物时也会四脚着地。它身手敏捷,长长的尾巴用于保持平衡。然而它并不仅仅依靠速度来摆脱比如腔骨龙那样的掠食者。小盾龙的拉丁文名字的意思是"长有小盾的蜥蜴",它身上一共长有300多个像小盾一样的骨片,其中既有一些小骨片,也有一些凸起的骨板,就像剑龙身上的盾甲,只是更小一些。

劳氏小盾龙具有叶片状的牙齿,牙齿边缘带有锯齿,可以从低矮的树木和灌丛中切断树叶。所发现的牙齿化石上缺乏磨损痕迹,说明劳氏小盾龙在进食时不会进行咀嚼,而是直接吞下食物。

1

装甲亚目

剑龙类

剑龙是外形最奇特的恐龙之一，它们的背上长着钉刺和成排的骨板。和其他装甲亚目恐龙一样，剑龙的皮肤上也长有细小的骨片，多数集中在颈部和臀部。

一些剑龙的钉刺长在肩膀两侧，这对许多掠食者来说是一种威慑。化石证据显示其尾巴上的钉刺也可以用作武器——这些尾刺尖部破损，而另一些兽脚类恐龙身上的伤痕和这些尾刺的形态十分吻合。

剑龙身上骨板的功能历来有很多争论。过去许多科学家认为这些骨板上分布有血管，可以借此散去身上的热量，从而调节体温；但现在有些科学家认为，这些骨板主要是用来相互识别和求偶展示的。骨板上的血管充血后会让剑龙看上去红通通的，以此来吸引心仪的异性，或警告竞争对手。

早期的剑龙体长大概只有2.5米至3米，但随后出现的种类则可以达到9米以上。它们的吻部较窄，说明它们对食物很挑剔，不是什么都吃。在寻找食物的时候，剑龙也可以直起身子双脚站立。

剑龙在侏罗纪中晚期最为繁盛，多样性较高，到了白垩纪早期便走向灭绝。它们的化石分布于全球，北美洲和亚洲的中国最为丰富。

资料卡

1.埃塞俄比亚钉状龙
Kentrosaurus aethiopicus
生活时代：侏罗纪晚期
化石发现地：坦桑尼亚
体长：5米　体重：1吨
埃塞俄比亚钉状龙是身上钉刺最多的剑龙类恐龙。埃塞俄比亚钉状龙双肩上长着长长的钉刺，以此抵御来自两侧的攻击。它的尾巴可以在180度的范围内高速甩动，能对掠食者造成严重伤害。

2.太白华阳龙
Huayangosaurus taibaii
生活时代：侏罗纪中期
化石发现地：中国
体长：4米　体重：850千克
作为最小的，同时也是最原始的剑龙之一，太白华阳龙具有比稍晚出现的剑龙更宽的头骨，嘴部前端长有牙齿，前肢相对较长。太白华阳龙与甲龙具有许多相似的特征，说明它可能生活在剑龙类恐龙和甲龙类恐龙正在分化的那段时间。

3.装甲剑龙
Stegosaurus armatus
生活时代：侏罗纪晚期
化石发现地：美国、葡萄牙
体长：9米　体重：2.3吨
装甲剑龙是最大的剑龙类恐龙，头骨窄长，拱起的后背上长有钻石形的骨板。装甲剑龙的前肢比后肢短得多，说明它不能快速奔跑，不然就有可能会绊倒。装甲剑龙以低矮的植物为食，包括蕨类、苔藓和苏铁。

1

装甲亚目

甲龙类

甲龙类恐龙是地球生命史上铠甲最重的陆生动物,它们身体的大部分都覆盖有骨板。甲龙类下面有两个主要类群——结节龙科恐龙和甲龙科恐龙。它们的皮肤里都长有骨板和小骨刺,结节龙科恐龙身体的两侧还长有长尖刺,由两侧肩胛骨上的瘤状凸起支撑。这些长矛般的尖刺主要用来抵御掠食者,也可以在争夺配偶和领土时防备同类。

甲龙科恐龙没有结节龙科恐龙那样的尖刺,它们的体形更宽,吻部短而宽,说明它们的食谱更广。它们的头部呈宽三角形,身上披有装甲,一些种类具有更有力的防御武器——尾巴末端的尾锤。这些尾锤由几块骨板、骨骼和软组织结合而成,可以将兽脚类恐龙打得粉身碎骨。

结节龙科恐龙和甲龙科恐龙体形巨大,四肢粗壮,只能慢慢行动,在大地上寻找低矮的植物取食。它们并

不咀嚼食物，而是将食物整个吞下后靠肠胃慢慢消化。

甲龙类恐龙从侏罗纪一直繁衍到白垩纪最末期，它们的化石遍布除非洲以外的各大洲。

资料卡

1.安保包头龙

Euoplocephalus tutus

生活时代：白垩纪晚期

化石发现地：加拿大

体长：6米　体重：2.5吨

安保包头龙除了四肢和尾巴的部分部位以及腹部外，身上其他地方都披着骨质铠甲。它的尾锤由骨骼和肌腱支撑，这个尾锤无法翘到离地面很高的位置。但是，尾巴根部附近强有力的肌肉可以驱使尾锤左右猛甩，刚好对准肉食性恐龙脆弱的胫骨。

2.大腹甲龙

Ankylosaurus magniventris

生活时代：白垩纪晚期

化石发现地：美国、加拿大

体长：7米　体重：3吨

大腹甲龙是甲龙科恐龙里个头最大的种类，头上长角，有喙，嘴里长有叶片状的细小牙齿。大腹甲龙连眼睑上都覆盖有骨板，身体上的一些骨板甚至长到一起，形成一套防御力超强的铠甲。这其实也不奇怪，和大腹甲龙同时代的掠食者，例如霸王龙，都是些可怕的家伙。

3.爱氏蜥结龙

Sauropelta edwardsorum

生活时代：白垩纪早期

化石发现地：美国

体长：5米　体重：1.5吨

爱氏蜥结龙属于结节龙科恐龙。它们的脖颈上长有巨大的尖刺，用以抵御掠食者，身上同样覆盖着铠甲，脖子上有小型骨质结节，后背上有成排的半圆形盾板。它们生活在洪泛平原，因为5个个体在同一地点被发现，科学家推测它们可能组团行动。

白垩纪时期的陆地生命

白垩纪

白垩纪紧跟侏罗纪末的小型灭绝事件之后，是中生代最后、最长的一个阶段，也是一个发生巨变的时期。开花植物在这一时期开始出现于地球上，并且快速分化，随着蜜蜂、胡蜂、蚂蚁、甲虫和蝴蝶等一系列传粉昆虫的兴起而广为传播。

白垩纪时期的恐龙远远多于之前的时代。北部大陆上，大群头上长角的角龙在悠闲地吃着植物，身旁还有身披铠甲的甲龙。禽龙遍布除南极洲以外的各个大陆，泰坦巨龙则在南部大陆漫步。兽脚类恐龙依然是陆地上的顶级掠食者。

天空中，翼龙正面对来自各路原始鸟类的挑战，现代鸟类的直接祖先也开始出现。鱼龙、蛇颈龙和巨大的沧龙在海中遨游，它们身边还有鲨鱼和鳐鱼。最早的蛙类、蝾螈、乌龟、鳄鱼、蛇类和小型哺乳动物都在海岸边自由繁衍。

科学家认为，在白垩纪末期，随着气候变得冷湿，恐龙开始衰落。约6 600万年前的大灭绝见证了非鸟恐龙和其他许多中生代物种的消亡。自此之后，陆地上再没有出现过如此巨大的身影。

资料卡

1. 顺椎敏迷龙

Minmi paravertebra

体长：3米　体重：300千克

这种恐龙在白垩纪早期生活于今天的澳大利亚境内，是一种小型甲龙类恐龙，长有喙和带锯齿的颊齿。与其他绝大多数甲龙类恐龙不同的是，顺椎敏迷龙可以快速奔跑，头上没有盾甲。它生活在洪泛平原和茂密丛林的过渡地带。科学家通过对顺椎敏迷龙胃容物化石的研究，证明了这种恐龙以被子植物的果实或种子为食，也吃蕨类等柔软的植物。

2. 兰氏马塔巴拉龙

Muttaburrasaurus langdoni

体长：8米　体重：2.8吨

这是一种长着成排研磨齿的鸟脚类恐龙。它的吻部前端有奇怪而中空的凸起，可帮助其增强嗅觉，形成共鸣并发出更大的叫声。蕨类、苏铁、石松和松柏都可能是它的食物。

3. 空腔猎空翼龙

Mythunga camara

翼展：4.7米　体重：不确定

这是一种原始的翼龙，体形巨大，长有宽大的、呈间隔排列的咬合型牙齿。空腔猎空翼龙生活在广阔的内海岸边，在那里它可以借助风力迅速飞上天空，然后再猛然俯冲并潜入水中捕食鱼类。

4. 松柏林

松柏类树木挺过了侏罗纪末期的小型灭绝，在白垩纪中期开始大规模分化。松柏林在白垩纪时期广泛覆盖了澳大利亚，尤其是沿海地带。林下层由银杏、苏铁、石松和木贼构成。

5. 开花植物

白垩纪早期，最早的被子植物，也就是开花植物开始出现在地球上。已知最早的开花植物是棒纹粉类植物和木兰。

6. 初始侏儒反鸟

Nanantius eos

翼展：35厘米　体重：80克

这是一种白垩纪早期的鸟类，体形近似于今天的画眉。初始侏儒反鸟具有带爪的翅膀，头部和颈部与带羽毛的兽脚类恐龙的很像。它的食物主要是小型鱼类，也包括其他小型海洋生物。初始侏儒反鸟所属的反鸟类是一类原始鸟类，与真正的现代鸟类分属不同支系。在白垩纪末期，反鸟类走向灭绝。

恐龙博物馆

五号展馆

头饰龙亚目

头饰龙亚目

肿头龙类

角龙类

搏斗中的恐龙

头饰龙亚目

头饰龙亚目

这个类群拉丁文名字的意思是"有脊的头",因为它们都具有独特的头骨结构——头骨后面长着一层骨质挡板,有点像裙边。头饰龙亚目下有两个支系:头骨厚重的肿头龙类恐龙,包括肿头龙和剑角龙;头上长角、吻部有喙的角龙类恐龙,比如三角龙和戟龙。

肿头龙类恐龙的头骨骨壁大大增厚,在头顶形成一个圆形凸起。头骨后侧有较小的脊,上面长有细小的骨块和骨刺。角龙类恐龙头后的脊要大得多,形成一个骨质颈盾,可能用来展示、与同伴交流或吸引异性。很多角龙类恐龙的鼻子顶端和面颊上长有长长的角,还有一些恐龙的角长在颈盾的顶端。

肿头龙类恐龙和早期的角龙类恐龙是双足行走,而后期的角龙类恐龙都是四足行走。头饰龙类恐龙的另一个特点是长有简单的钉状牙齿,牙齿被角蛋白形成的角质鞘包裹。牙齿呈堆叠状排列,方便替换。牙齿上面长有锯齿,可以帮助它们将植物切成块,然后在肠胃中消化。

头饰龙类恐龙最早出现在中侏罗世晚期,白垩纪时走向繁盛。它们适应了各种生存环境,但是分布区域较小,大部分化石发现于北美洲西部和亚洲。

资料卡

1. 伊氏恶魔角龙

Diabloceratops eatoni

生活时代:白垩纪晚期

化石发现地:美国

体长:5.5米　体重:2吨

近年来,科学家发现了许多种原始角龙类恐龙化石,其中一个重要的发现就是伊氏恶魔角龙化石。这种恐龙化石最早发现于1998年,2000年被发掘出来。这种恐龙可能是三角龙和戟龙的祖先。它的原始特征之一是头骨上的开孔,这个特征在随后出现的角龙身上消失不见了。

伊氏恶魔角龙体形中等,样貌奇特,鼻子较圆,眼睛上方有两个长角,鼻子上有个小型骨质隆起,颈盾后端又有两个50厘米高、尖部弯向两侧的角。正是因为颈盾后端的这两个角和西方恶魔形象头上的角很像,所以才取名"恶魔角龙"。

在伊氏恶魔角龙生活的时代,北美洲分裂成了两个陆块——拉腊米迪亚古陆和阿巴拉契亚古陆,而一湾浅海——西部内陆海道淹没了北美洲中西部地区。伊氏恶魔角龙就生活在拉腊米迪亚古陆,那里当时被湖泊、洪泛平原和河流覆盖。伊氏恶魔角龙可以用喙取食那里丰富的低矮植物。

1

头饰龙亚目

肿头龙类

大部分肿头龙类恐龙生活在白垩纪晚期的北美洲和亚洲地区。它们的头顶长有很厚的凸起,头后有骨板,头上点缀有小的骨块和骨刺。一些肿头龙类恐龙化石具有顶部低平的头骨,曾经被认为是新的属种,现在我们知道这些化石来自已知属种的幼年个体。随着年龄的增长,肿头龙类恐龙的头骨会发生很大的变化:头骨顶部逐渐变厚。一些肿头龙的头骨骨壁有23厘米厚(人类的头骨骨壁厚度只有6.5毫米)。

肿头龙类恐龙用这种好像戴着头盔一样的头部为争取伴侣和领地进行展示或打斗。研究发现,20%的肿头龙类恐龙的头骨都有伤痕,证明了它们用头部来打架这个猜想。但我们并不知道它们是像现在的山羊和大角羊那样用头正面相互撞击,还是类似雄性长颈鹿那样甩头来攻击彼此头部两侧的柔软部分。

大多数肿头龙类恐龙是植食性恐龙,它们用喙切断植物并用细小、带脊的牙齿进行咀嚼。它们用双足行走,因为前肢和前爪都比较弱小。

资料卡

1.强壮剑角龙
Stegoceras validum
生活时代:白垩纪晚期
化石发现地:北美洲
体长:2米 体重:40千克
强壮剑角龙是最早发现的肿头龙类恐龙之一,体形和山羊近似,具有S形的脖颈和强壮的尾巴。它的头部隆起,上面长有骨质凸起和骨刺。科学家推测,剑角龙具有很好的双眼立体视觉和较灵敏的嗅觉。它细小、锯齿状的牙齿很适合取食叶片、种子、果实以及昆虫等多种食物,属于杂食性恐龙。

2.霍格沃茨龙王龙
Dracorex hogwartsia
生活时代:白垩纪晚期
化石发现地:美国
体长:2.4米 体重:45千克
受到西方龙的形象及《哈利·波特》系列小说的影响,这种恐龙在2006年被正式描述,它的拉丁文名字的意思是"来自霍格沃茨魔法学校的龙中之王"。然而,一直以来关于这个恐龙新种的有效性都有争论。一些科学家认为,这些恐龙化石只不过是幼年肿头龙的化石而已。

3.多刺冥河龙
Stygimoloch spinifer
生活时代:白垩纪晚期
化石发现地:美国
体长:3米 体重:77千克
这种恐龙的特点是头后部有成簇的骨刺,在其中一个较长的骨刺周围还长着一些较短的骨刺。它的头骨很像龙王龙,但是骨刺更短,头骨隆起更加凸出。一些科学家认为,如同霍格沃茨龙王龙是肿头龙的幼年个体一样,多刺冥河龙也是其他恐龙和类的亚成年个体。

4.怀俄明肿头龙
Pachycephalosaurus wyomingensis
生活时代:白垩纪晚期
化石发现地:美国
体长:4.5米 体重:450千克
这是已知最大的肿头龙类恐龙,在它极厚的头骨上长着一圈骨刺。除了头骨以外,科学家没有发现过它身体其他部位的化石,只能推测它可能用后肢行动,前肢较短,身形庞大,尾巴粗壮,以叶片、坚果和水果等为食。

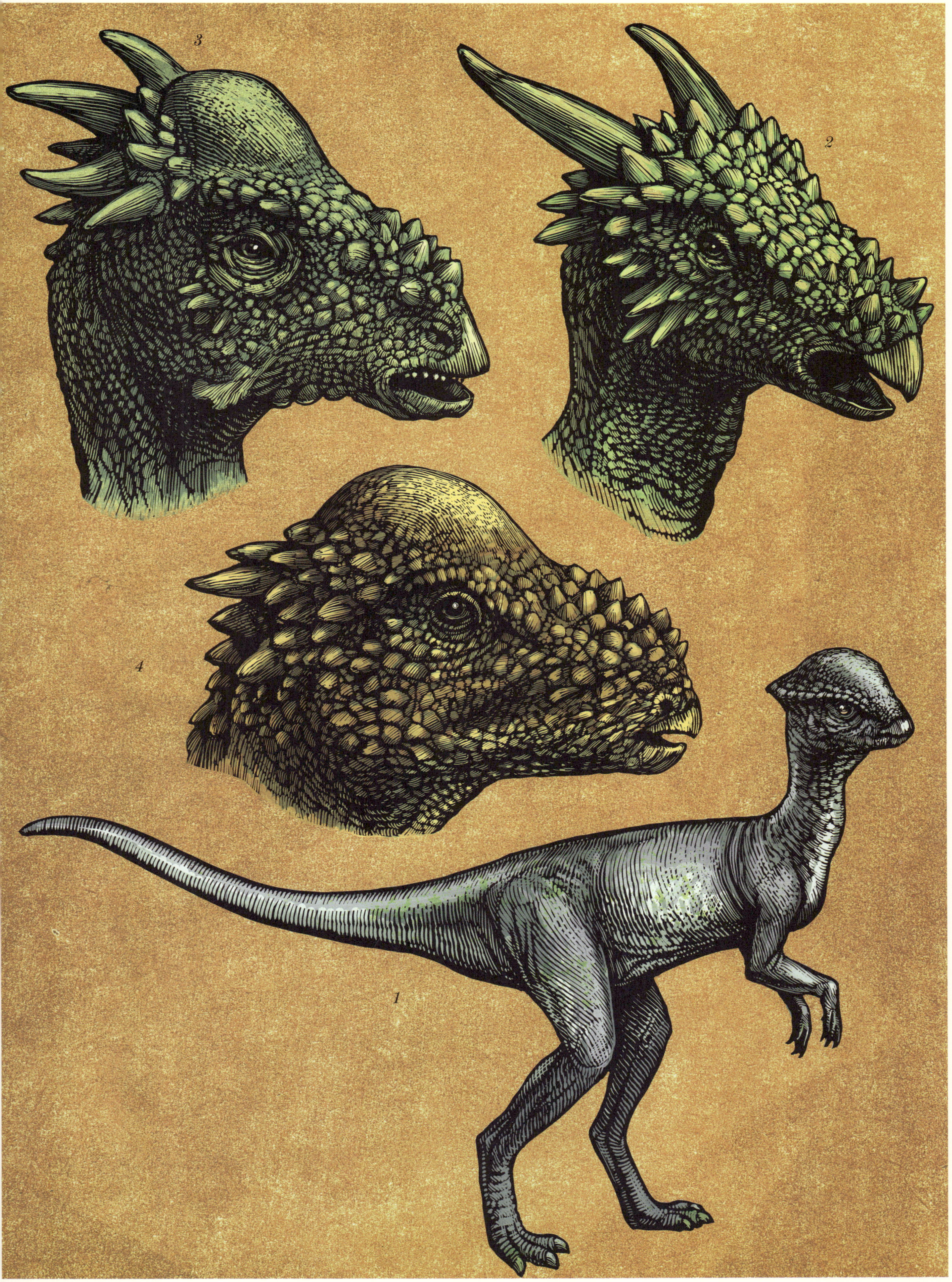
3
2
4
1

头饰龙亚目

角龙类

目前已知最早的角龙类恐龙出现在侏罗纪晚期的亚洲，大约距今1.58亿年前。最早的类型，比如鹦鹉嘴龙，双足行走，没有后期角龙类恐龙的骨质颈盾。到了白垩纪晚期，角龙类恐龙演化为四足行走，颈盾和头上的角千姿百态，成为地球上最后一批非鸟恐龙。

角龙类恐龙嘴的最前端长有角质的喙和成排的颊齿，适合取食坚硬的植物。后期角龙类恐龙长有巨大厚实的颈盾，可以抵御当时兽脚类恐龙，比如霸王龙的攻击。然而，体形较小的角龙类恐龙的颈盾，用以防御掠食者的效果可能并不好，更多的是用来展示和吸引异性，与现在雄鹿的鹿角功能相似。

科学家发现，在美国西部著名的"骨头层"有上百具角龙类恐龙个体的化石埋藏在一起，以此推断许多角龙类恐龙集体行动。成群结队的角龙能够有效抵御掠食者，就像现在的大象那样，可以一拥而上吓跑掠食者，或围成圆圈，把老年和幼年个体保护在恐龙群中心。

资料卡

1. 蒙古鹦鹉嘴龙
Psittacosaurus mongoliensis
生活时代：白垩纪早期
化石发现地：中国、蒙古国、俄罗斯
体长：1.5米　体重：15千克
蒙古鹦鹉嘴龙有一对长在颌骨后端、短粗的角，尾部长着发丝一样的鬃毛，这可能是羽毛的早期形态。它的头骨较圆，加上吻部前端的喙，看上去很像鹦鹉（因此拉丁文名字的意思为"鹦鹉蜥蜴"）。鹦鹉嘴龙一个非常出名的地方是这个属下的种比其他任何非鸟恐龙都多，目前在亚洲地区已经命名了11个种，标本数量达上百个，很多都是完整的骨架，是研究得最为详尽的恐龙之一。

2. 阿尔伯塔戟龙
Styracosaurus albertensis
生活时代：白垩纪晚期
化石发现地：美国
体长：5.5米　体重：3吨
阿尔伯塔戟龙的颈盾上长有5个尖刺，最长的有60厘米，看上去非常凶残。不过这些尖刺可能仅仅是用来吸引雌性的装饰。

3. 斯氏五角龙
Pentaceratops sternbergii
生活时代：白垩纪晚期
化石发现地：美国
体长：6.5米　体重：5吨
这种恐龙的拉丁文名字的意思是"长有5个角的脸"，它的鼻子、眼眉、面颊上都长有角。头骨可以达到3米长，这使其成为地球生命史上头骨最长的陆生动物。

4. 恐怖三角龙
Triceratops horridus
生活时代：白垩纪晚期
化石发现地：美国
体长：9米　体重：11吨
这种恐龙重如卡车，长有巨大的颈盾，面部长着3个明显的角。恐怖三角龙是一种强壮的恐龙——事实上它必须如此。著名的顶级掠食者霸王龙就在恐怖三角龙的骨骼上留下了咬痕。恐怖三角龙也是陆生动物中头骨最大的成员之一。与其他角龙类恐龙不同的是，恐怖三角龙可能并不成群结队地出行，而是独行侠。

1

2

3

4

头饰龙亚目

搏斗中的恐龙

  1971年,一支波兰-蒙古联合探险队发现了古生物学中最著名的化石标本之一:在蒙古戈壁沙漠的白色砂岩的峭壁上,两只恐龙正纠缠在一起,进行一场殊死搏斗。进一步发掘出的证据显示,它们是在距今7 400万年前被一起掩埋进沙子里的,可能是沙丘在它们的头顶发生了坍塌,也可能是大雨冲垮了沙丘,又或是一场突如其来的沙尘暴将它们掩埋。其中的一只恐龙是凶猛的掠食者——蒙古伶盗龙,另一只则是绵羊大小的小型角龙——安氏原角龙。

  在这场生死之战中,蒙古伶盗龙右脚上锋利的"死亡之爪"紧扣安氏原角龙的咽喉,直击颈动脉,另一只脚则猛踢安氏原角龙的胸部和肚子。与此同时,安氏原角龙狠狠地咬住蒙古伶盗龙的右臂,伤口已经深入骨髓。

  这对仇敌可能在被沙子掩埋之前就已经死去,也可能在搏斗的过程中被沙子掩埋窒息而亡。无论如何,这个著名的化石为我们留下了一幅中生代的恐龙快照,揭示了恐龙世界残酷的生存竞争。

资料卡

1.蒙古伶盗龙
Velociraptor mongoliensis
生活时代:白垩纪晚期
化石发现地:蒙古国
体长:2.5米 体重:15千克
半食腐半狩猎的蒙古伶盗龙一般会捕食小动物,有时也偷懒做一个"机会主义者"。2008年,科学家在原角龙的颌骨化石上发现了伶盗龙的咬痕及牙齿。颌骨上一般是没有肉的,这说明这只伶盗龙当时应该在啃食原角龙的尸体。2012年,科学家在另一具伶盗龙化石的腹部发现了很大的翼龙骨骼。这种翼龙翼展两米,对伶盗龙而言太大了,因此科学家推测这个猎物不大可能是伶盗龙直接捕获的,这一次它同样是在啃食尸体。
许多证据证明伶盗龙是夜行性动物,眼睛周围的骨骼结构说明它可以在黑暗中搜索和捕食。

2.安氏原角龙
Protoceratops andrewsi
生活时代:白垩纪晚期
化石发现地:蒙古国
体长:1.8米 体重:180千克
作为三角龙的近亲,安氏原角龙头后长有颈盾,但是没有角,面颊两侧有两块凸起的骨块。它的颈盾可能用来求偶展示、个体识别或是在群体中建立统治地位。
上百个安氏原角龙化石被科学家同时发现,说明它们可能集体行动。这些化石涵盖安氏原角龙从蛋到胎儿、从幼年到成年等不同年龄段的雌雄个体。科学家根据这些化石可以详尽地探索安氏原角龙的个体发育情况。
安氏原角龙具有强壮的颌骨,咬合力很强。在与蒙古伶盗龙的这场生死搏斗中,蒙古伶盗龙就是这种强劲咬合力的牺牲品。

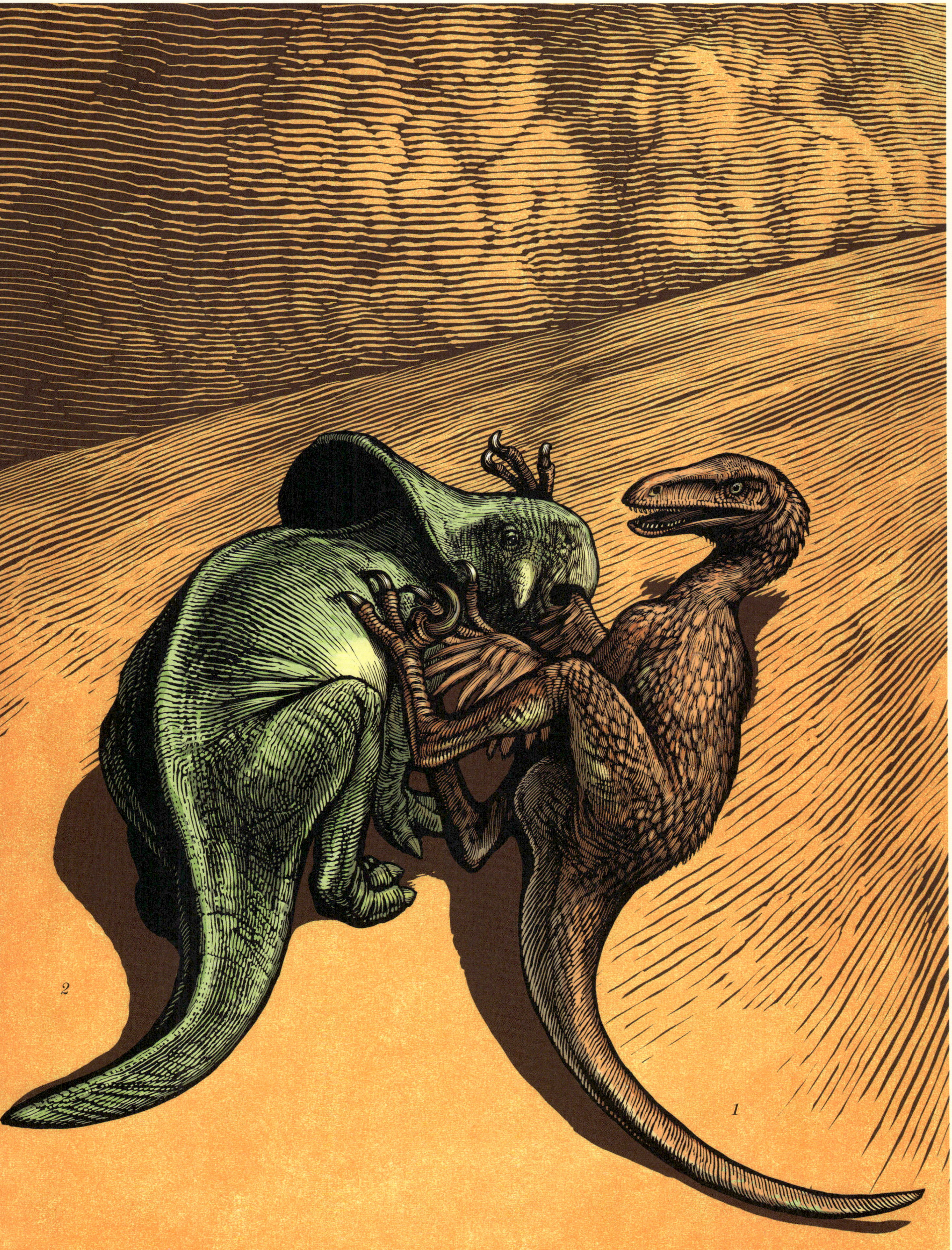
2
1

恐龙博物馆

六号展馆

恐龙的邻居们

翼龙

海生爬行动物

中生代哺乳动物

大灭绝

幸存者

恐龙的邻居们

翼龙

翼龙是长着翅膀的爬行动物，是恐龙的"表兄"，也是继昆虫之后最早掌握了主动飞行技能、征服蓝天的动物。翼龙家族的演化非常成功，从三叠纪晚期一直繁衍到白垩纪末期，其化石遍布各个大陆。翼龙分化出庞大的支系，涵盖了大量形态各异的种类，有的娇小似鸽子，有的硕大如同小型飞机。

翼龙的翅膀由皮膜、肌肉和其他软组织构成，从脚踝处伸展至前肢上极度延长的第四指。许多翼龙种类都是迅速敏捷的飞行高手。在陆地上行走时，翼龙四肢着地，前肢折叠在身体后下方，而非摊开在两边。有些翼龙是高效的陆上猎手，可以行走甚至奔跑，善于在平地上捕食。

早期的翼龙体形相对较小，具有长长的尾巴；随后出现的翼龙有些演化出精美的头冠、特化的牙齿或无齿的喙，有些则演化出庞大的身躯。

与恐龙相比，翼龙的骨骼中空而轻盈，很容易破碎，较难形成化石。同时，翼龙又很少生活在容易形成化石的地方，因此其化石相对较为稀有。然而在过去的十几年里，大量重要的翼龙化石突然井喷式涌现，尤其在中国和巴西，这为科学家研究翼龙提供了大量材料。

---------- 资料卡 ----------

1.诺氏风神翼龙
Quetzalcoatlus northropi
生活时代：白垩纪晚期
化石发现地：美国
翼展：12米　体重：不确定
这是一种在地球生命史上出现过的最大的飞行动物之一。诺氏风神翼龙具有无齿的喙及公共汽车那么长的翼展。诺氏风神翼龙的前臂骨骼非常粗壮有力，使得这具庞大的身躯可以飞上蓝天。诺氏风神翼龙落在地面上时，常蹲伏成四肢着地的姿态。

2.多氏凯瓦古神翼龙
Caiuajara dobruskii
生活时代：白垩纪晚期
化石发现地：巴西
翼展：2.4米　体重：不确定
这是一种最新命名的翼龙种类，发现于第一个以翼龙为主的化石层中。在这个化石层里至少有47个翼龙个体，包括从幼年到成年等不同生命阶段的翼龙化石。它们群居，很小就会飞行，头冠幼年时小而倾斜，成年后变得大而耸立。

3.兰氏真双型齿翼龙
Eudimorphodon ranzii
生活时代：三叠纪晚期
化石发现地：意大利
翼展：1米　体重：10千克
这是一种典型的早期翼龙，翼展较小，脖子较短，牙齿锋利，尾巴较长。它们捕食鱼类（在化石的胃部发现了鱼鳞），牙齿呈针状，超过100颗。

4.多毛魔鬼翼龙
Sordes pilosus
生活时代：侏罗纪晚期
化石发现地：哈萨克斯坦
翼展：0.6米　体重：5千克
这是最早发现的具有毛状纤维的翼龙化石，其中一件标本上的皮毛还较厚。这层覆盖物可能是用来保温的，也说明翼龙可能是温血动物。

5.长爪双型齿翼龙
Dimorphodon macronyx
生活时代：侏罗纪早期
化石发现地：英国
翼展：1.2米　体重：2千克
巨大的爪子可以帮助它们爬上陡峭的悬崖，然后纵身飞行。长爪双型齿翼龙同时具有尖牙和磨牙，说明它们取食昆虫和其他小动物，但不吃鱼类。

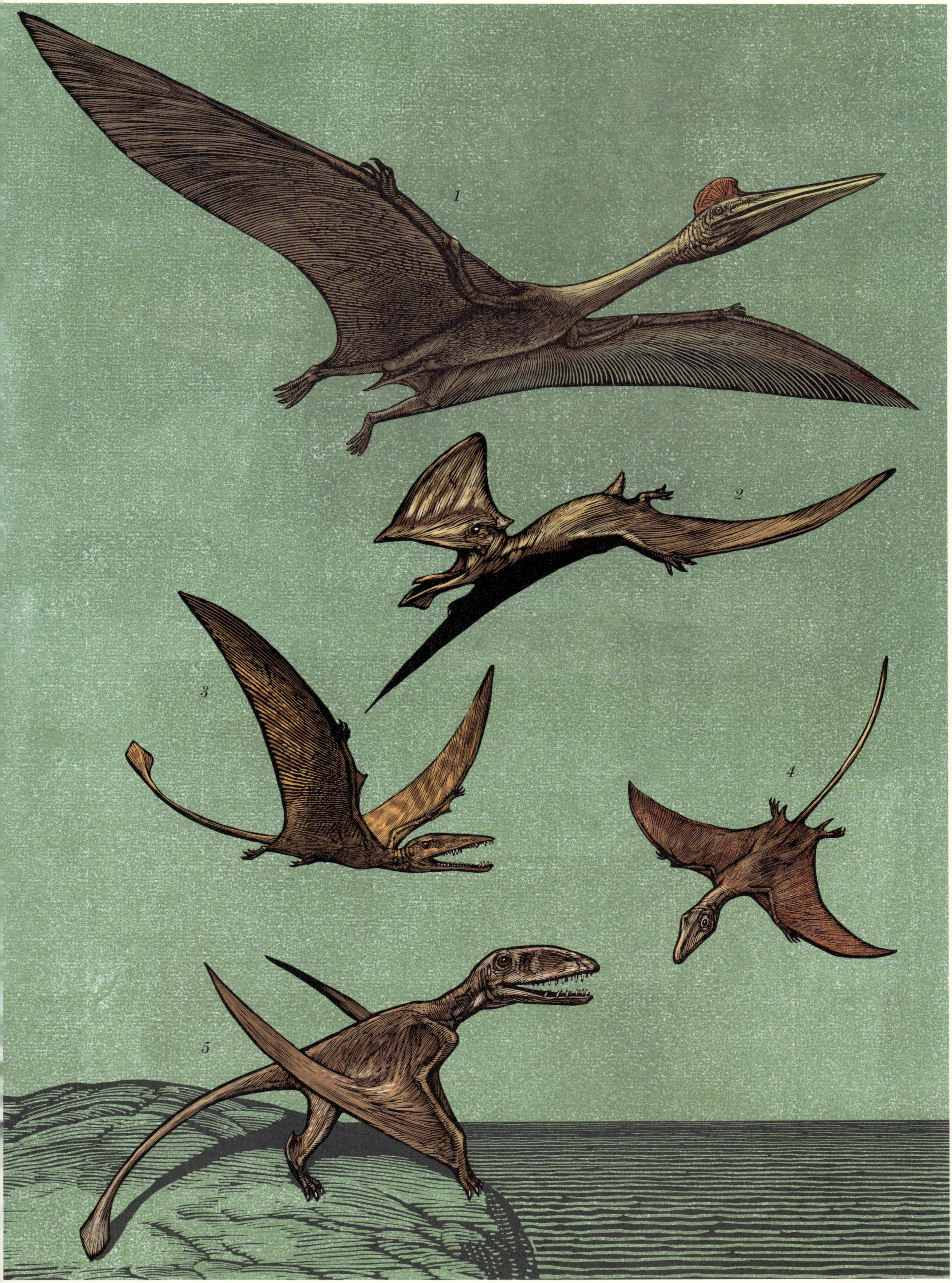
1
2
3
4
5

海生爬行动物

中生代时期的海洋里曾生活着数量庞大的大型海生爬行动物，包括幻龙类、鱼龙类、蛇颈龙类和沧龙类等，它们都是恐龙的远亲。

形似海豚的鱼龙最早出现在2.45亿年前，它们在三叠纪晚期和侏罗纪时期纵横海洋，直至白垩纪晚期。它们早于沧龙和蛇颈龙走向灭绝。鱼龙极好地适应了水中的生活，具有流线型的身体和强有力的尾巴，以及鳍状肢。它们属于卵胎生，会直接生出幼年个体，因此不用离开水去陆地上产蛋，但它们没有鳃，需要跃出水面进行呼吸。大部分鱼龙的体长在3米左右，也有一些较大的种类体长可以接近虎鲸。早期的鱼龙具有长而多变的形态，晚期出现的种类则较短，形态接近鱼类。

另一种十分繁盛的海生爬行动物是蛇颈龙类，它们从三叠纪末的幻龙类演化而来。一个重要的区别是，幻龙类长有带蹼的足，而蛇颈龙类则演化出两对鳍状肢。许多蛇颈龙具有极长的脖子、较小的头和尖而锋利的牙齿，适合捕鱼。

还有一个重要的类群是上龙类，它们也是当时海洋里的顶级掠食者，具有巨大的头颅和牙齿。它们的猎物包括大型鱼类、鱼龙和蛇颈龙，它们甚至会吃掉从陆地上冲到滨海区域的恐龙。

资料卡

1.边界幻龙
Nothosaurus marchicus
生活时代：三叠纪中期
化石发现地：荷兰
体长：1.5~2米　体重：80千克
最早下海的幻龙与陆地上最早的恐龙几乎同时出现，它们的生活习性可能和现在的海豹近似：在礁石和海滩上繁殖、哺育，然后再回到海里捕食鱼和虾。

2.普通鱼龙
Ichthyosaurus communis
生活时代：侏罗纪早期
化石发现地：英国
体长：2米　体重：90千克
普通鱼龙的身体呈流线型，它们用针状利齿捕食行动迅速、身体光滑的水中猎物。与其他鱼龙一样，普通鱼龙长着一双大眼睛，眼睛里长有起保护作用的巩膜环，这使它们即使在深水中也具有极佳的视力。

3.扁尾薄片龙
Elasmosaurus platyurus
生活时代：白垩纪晚期
化石发现地：美国
体长：14米　体重：2吨
这种蛇颈龙类动物的脖子由71节颈椎构成，它们是地球生命史上出现过的脖子最长的动物之一。虽然这个长脖子并不灵活，但扁尾薄片龙依然可以在水中扭动、翻转，捕食鱼类。

4.昆士兰克柔龙
Kronosaurus queenslandicus
生活时代：白垩纪早期
化石发现地：澳大利亚
体长：10米　体重：11吨
这种上龙类动物的头部有3米长，几乎比霸王龙的头部长两倍。它们用鳍状肢在水中遨游。胃容物化石证明它们捕食龟类和蛇颈龙。

5.普氏海王龙
Tylosaurus proriger
生活时代：白垩纪晚期
化石发现地：美国
体长：14米　体重：不确定
作为最后的沧龙类之一，普氏海王龙是白垩纪晚期海洋中的统治者。它的颌骨上长有两排尖牙，是残暴的掠食者。与其他沧龙类动物一样，普氏海王龙游泳的姿态近似鳄鱼，平时身躯如波浪一样缓慢起伏推进，但也可以突然爆发，急速前进。

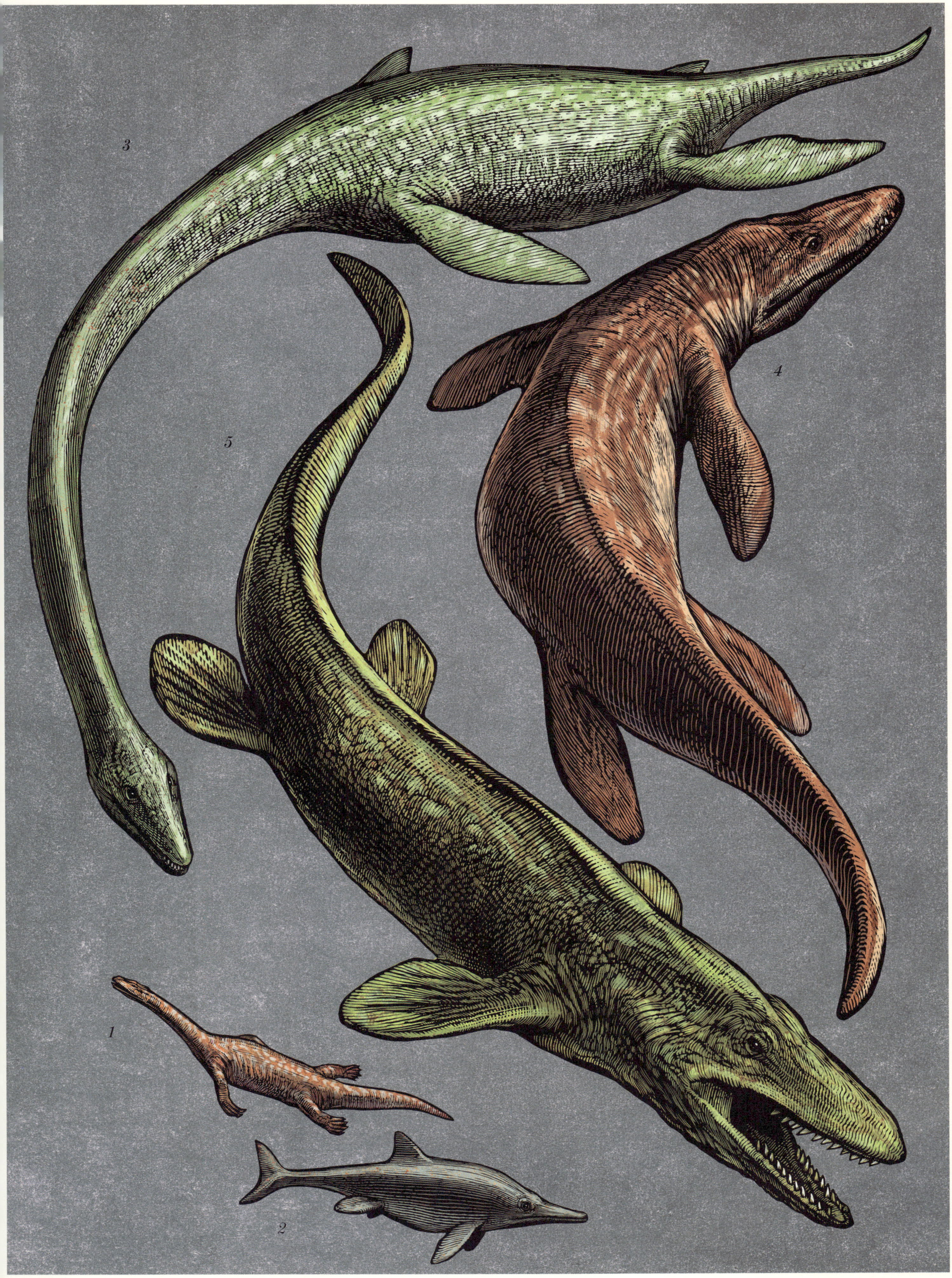

3
4
5
1
2

恐龙的邻居们

中生代哺乳动物

　　现代哺乳动物的祖先是一群叫作犬齿兽类的似哺乳爬行动物，最早出现在2.6亿年前，存活至三叠纪。它们四足行走，很可能身披毛发。这个类群拉丁文名字的意思是"犬的牙齿"，它们具有形态分化的不同牙齿，这一点和它们的哺乳动物后裔很像。它们属于温血动物。相对于整个身体而言，它们的脑子占比较大。

　　最早的哺乳动物由犬齿兽类演化而来，体形很小，和鼩鼱近似，最早出现在三叠纪时期。许多早期哺乳动物跟它们的爬行动物祖先一样，靠产蛋繁殖。它们喜欢在夜间捕食，主要吃昆虫。随着时光的推移，这些早期哺乳动物开始分化，出现了肉食者和植食者，从陆地上扩散到树上和水里。比如獭形狸尾兽——一种侏罗纪中期的原始哺乳动物，具有河狸一样的尾巴，四肢适合游泳，牙齿适合吃鱼。同样出现在侏罗纪的远古翔兽是目前已知的、最早会滑翔的哺乳动物，它的四肢之间连接着皮膜，跟现在的鼯鼠很像。近年来，在中国发现的化石证据告诉我们，白垩纪的哺乳动物远比我们原来认为的要大得多，有的体长可达到1米以上，甚至可以吃恐龙幼体。

——— 资料卡 ———

1.巨爬兽
Repenomamus giganticus
生活时代：白垩纪早期
化石发现地：中国
体长：1米　体重：14千克
这是一种长得像浣熊、肌肉发达的哺乳动物，比同时代的其他哺乳动物强壮得多。人们在巨爬兽的胃部发现了鹦鹉嘴龙的化石，但是人们还不知道它是真的捕食恐龙，还是食腐。

2.环形坑犬颌兽
Cynognathus crateronotus
生活时代：三叠纪早中期
化石发现地：南美洲、南极洲
体长：1.2米　体重：6.5千克
这是一种行动快速、性格凶猛的掠食者。这种犬齿兽类爬行动物体格强壮，宽厚的下颌和锋利的牙齿说明它们可以撕裂肉类。它们属于温血动物，很有可能身披毛发。

3.巨带齿兽
Megazostrodon
生活时代：三叠纪晚期至侏罗纪早期
化石发现地：南非
体长：10厘米　体重：28克
这是一种和鼩鼱差不多大的小型哺乳动物，它们的尾巴占了体长的一大半。它们很可能在地洞内生活，吃植物的块茎和土里的昆虫。它们的嗅觉和听觉都很发达。

4.攀援始祖兽
Eomaia scansoria
生活时代：白垩纪早期
化石发现地：中国
体长：14厘米　体重：20~25克
这种动物的拉丁文名字的意思是"黎明时的母亲"，因为它们是目前已知的最古老的有胎盘哺乳动物。它们体形微小，身披毛发，适合在灌木丛和树林里攀爬，可能以昆虫为食。

5.远古翔兽
Volaticotherium antiquum
生活时代：侏罗纪中晚期
化石发现地：中国
体长：30.5厘米　体重：不确定
远古翔兽具有能够抓握的脚趾，四肢间长有皮膜，它们可能会先爬到树上，然后在树枝间滑翔。它们身披毛发，具有适合取食昆虫的特殊的牙齿。

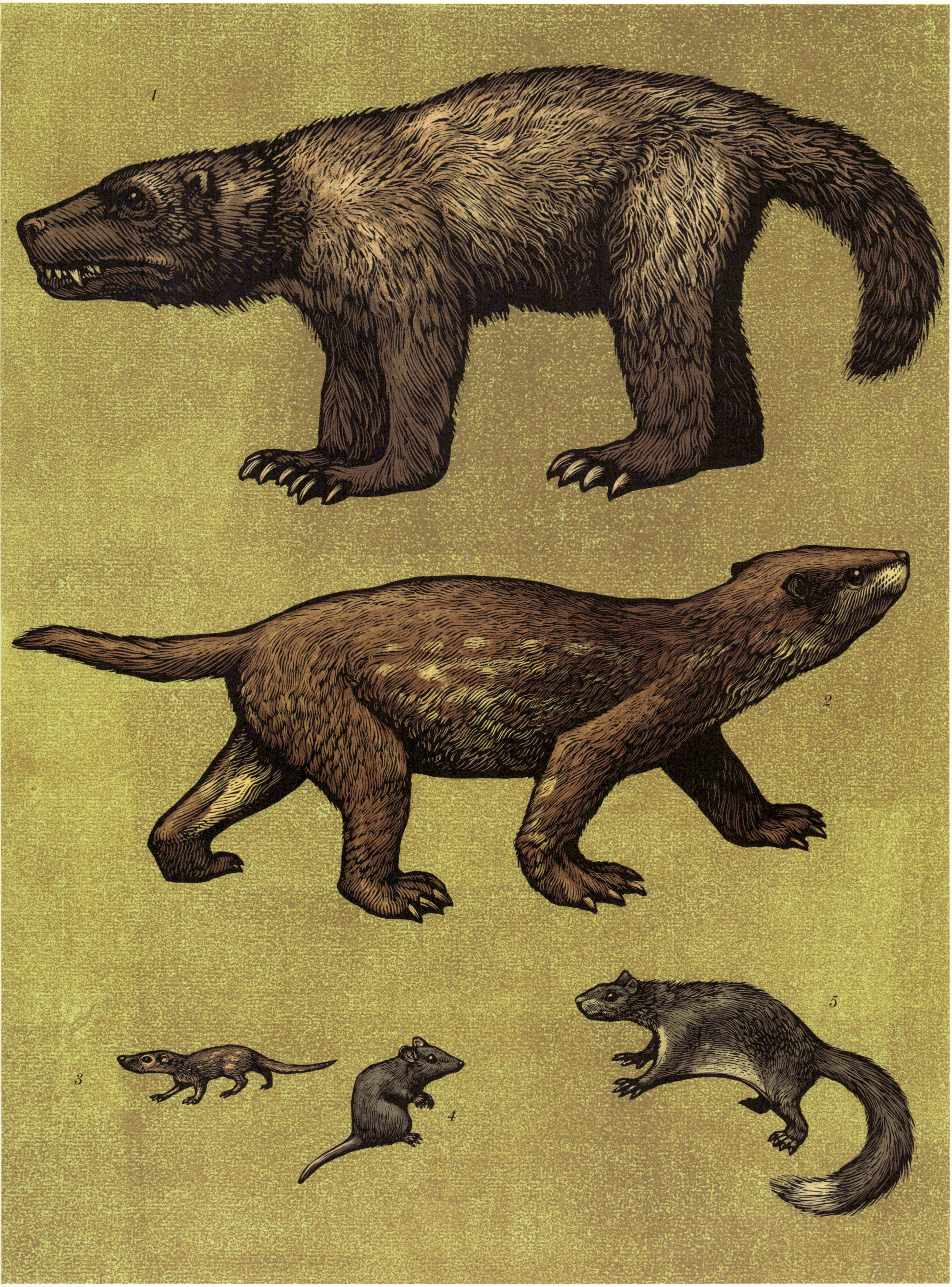
1
2
3
4
5

恐龙的邻居们

大灭绝

约6 600万年前，非鸟恐龙和包括沧龙、蛇颈龙、菊石等在内的其他半数以上的动物种类，以及大量植物都走向了灭绝。

一些证据显示恐龙家族在大灭绝到来之前就已经呈现衰落的迹象，然而同样有证据显示一些独特的恐龙类群在一些地区繁荣兴旺，这说明恐龙家族并非自然灭绝，而是某些灾难从天而降，对它们造成了致命性的打击。

对于这场大灭绝的真相，主要由两种理论来解释。现在的大多数科学家认为，恐龙灭绝是一颗直径约9.7千米的小行星撞击地球而造成的。当时，这颗小行星以比子弹快20倍的速度撞击在现在墨西哥尤卡坦半岛处。紧接着这次大碰撞之后，世界各地的海岸发生海啸，各个大陆的火山开始爆发，野火席卷大地。弥漫的灰尘、烟雾和火山灰遮蔽了阳光，全球气温骤降。植物无法进行光合作用而大片枯萎，植食性动物纷纷死去，肉食性动物饥肠辘辘。小行星撞击地球理论的主要证据是180千米宽的希克苏鲁伯陨石坑及相应地层中富含的铱元素。这种元素在地球上十分少见，但在陨石中很常见。希克苏鲁伯陨石坑和铱元素异常的形成时间与大灭绝的时间完全吻合。

另一些科学家则认为，印度德干高原上的火山爆发要为这次大灭绝负责。持续的大规模火山爆发也会使铱元素扩散到世界各地，因为地核中也有大量的铱元素。火山爆发产生的火山灰同样遮天蔽日，导致温室气体骤增和气候骤变。也有科学家认为火山爆发和小行星撞击地球同时发难，如同一杯混合而成的致命的鸡尾酒，终结了恐龙在地球上的统治地位。

---------- 资料卡 ----------

1.大碰撞之后
这幅图描绘了约6 600万年前一颗小行星撞击地球之后的景象。天空中，灰尘、烟雾和火山灰遮天蔽日。陆地上，植被干枯凋零，植食性动物随之死去。这是一个被寒冷和黑暗所笼罩的时代，地球沉浸在漫长的寒冬之中。

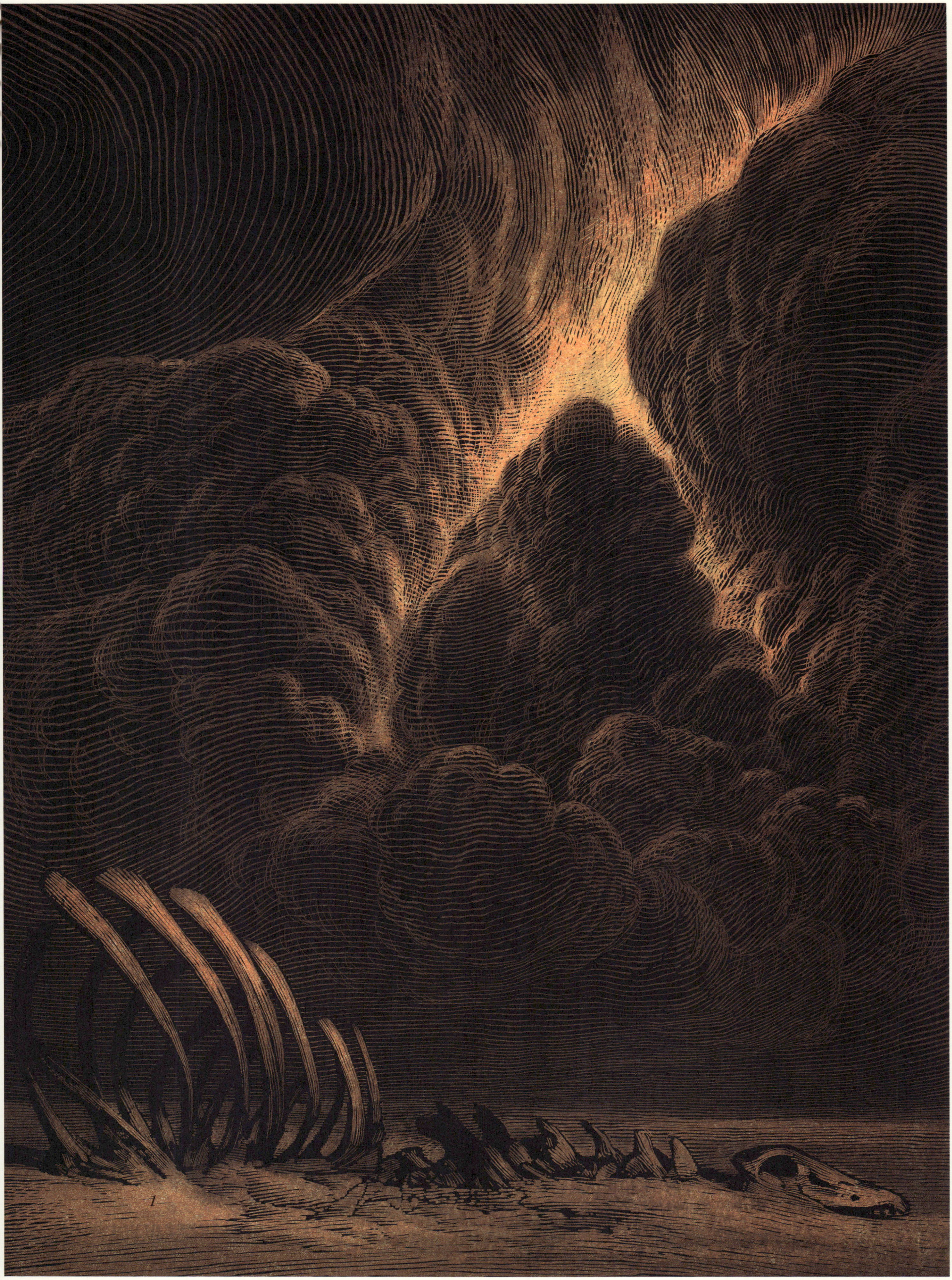

恐龙的邻居们

幸存者

地球上1/3的生命从那场毁灭非鸟恐龙的白垩纪末期大灭绝中存活了下来。小型蜥蜴、蛇、鲨鱼、乌龟、鳄鱼，以及两栖类、鸟类、昆虫、哺乳动物等都是这场灾难的幸存者。然而，为什么这些生命能够存活下来，而另一些动物却灭绝了呢？

鳄鱼生存下来的秘诀是它们可以长时间不吃东西，然后迁移到自然条件更好的地方；鸟类可以长距离飞行去寻找食物；小型动物也有很大的优势，它们可以通过潜穴来躲避地面严酷的自然环境，而且它们的食性较杂，不依赖单一食物资源，每天需要的食物量也很少。

对于这些幸存者而言，大灭绝事件同样意味着机会。地球生命史上发生的所有大灭绝之后都出现了大规模的、爆发式的辐射演化，各类生物快速分化，占领灭绝类群空出来的生态位。在鸟类扩散至世界各地的同时，哺乳动物成为恐龙灭绝的最大获益者。

在白垩纪末期大灭绝后的约2 000万年里，哺乳动物迅速分化，有些体形也变大不少。它们不再是隐藏在灌木丛中的娇小的夜行者，而是逐渐在各个生态环境中占据统治地位的主宰者，有些甚至进入海洋。在随后的2 300万年中，直到古近纪末期，哺乳动物分化出了灵长类、马、蝙蝠、猪、猫、狗、鲸等类群，哺乳动物的时代到来了。

资料卡

1. 始祖马
Hyracotherium
生活时代：始新世
化石发现地：北美洲、欧洲
体长：78厘米 体重：9千克
始祖马是现代马的祖先。它们出现在约5 000万年前，是取食柔软植物的植食者。

2. 始祖象
Moeritherium
生活时代：始新世
化石发现地：非洲
体长：70厘米 体重：235千克
始祖象是象类的祖先，体形近似猪，生活在约3 500万年前的湿地与河流附近。

3. 冠恐鸟
Gastornis
生活时代：古新世晚期、始新世
化石发现地：欧洲、中国
身高：2米 体重：170千克
这是一种不会飞行的大型鸟类，长着强有力的喙。它们可能是善于伏击的猎手，也可能吃大型植物。

4. 古三爪鳖
Paleotrionyx
生活时代：古新世
化石发现地：北美洲
体长：45厘米 体重：6千克
这种软壳的淡水龟类与它的现生后裔长得很像，具有长脖子、锋利的喙及三趾的脚。

5. 矛齿鲸
Dorudon
生活时代：古新世
化石发现地：北美洲海滨、非洲北部、太平洋海域
体长：5米 体重：450千克
这是一种古老的有齿鲸类，以鱼类和软体动物为食。

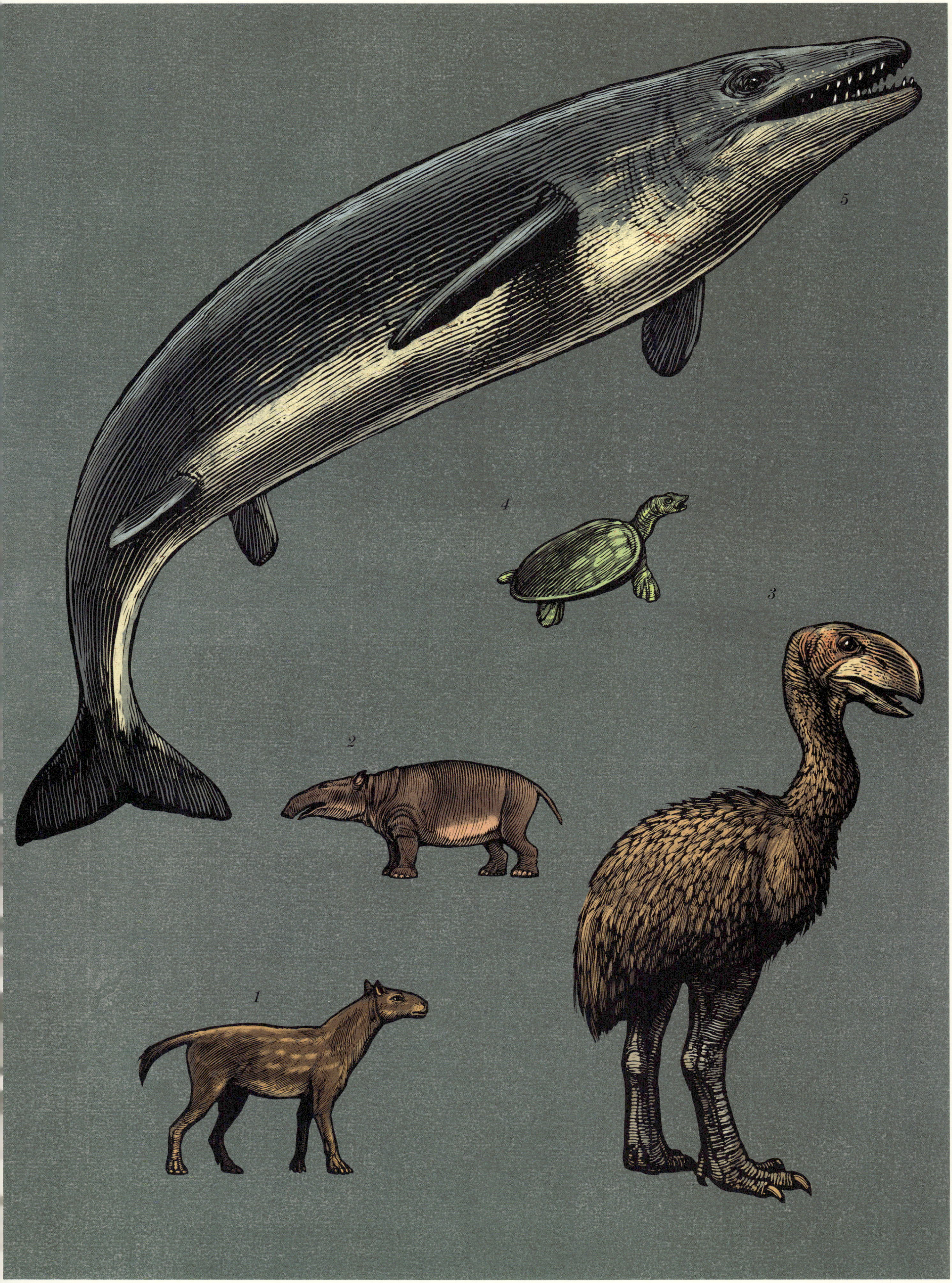
5
4
3
2
1

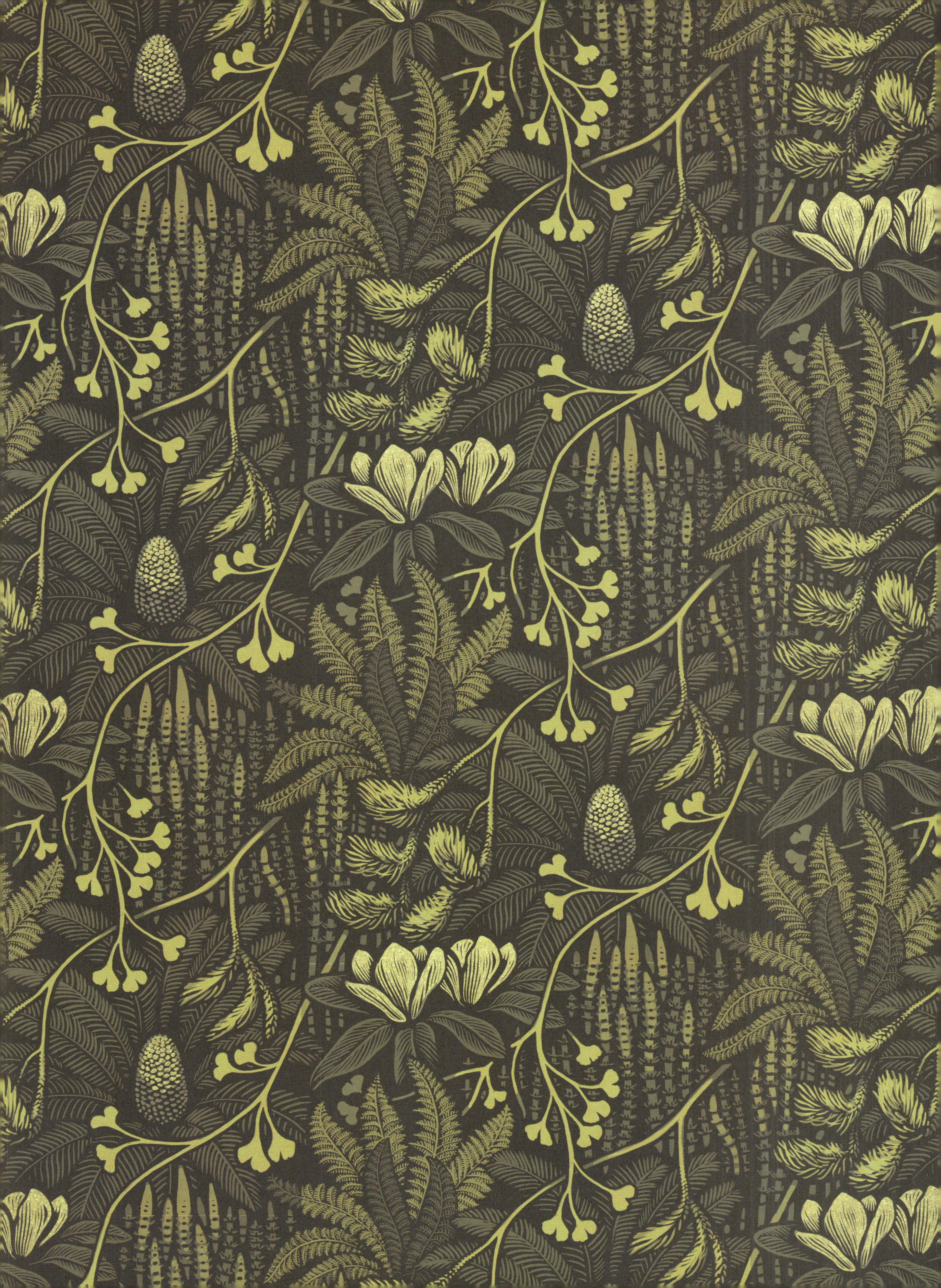

恐龙博物馆

图书馆

索引

策展人

译后记

了解更多

索引

阿贝力龙	19	大鼻龙类	3	激龙	28	拉腊米迪亚古陆	72
阿尔伯塔戟龙	76	大腹甲龙	67	棘鼻青岛龙	56	赖氏赖氏龙	56
阿尔伯塔龙	32	大灭绝	14	棘龙	26	赖氏龙亚科	56
阿根廷龙	19	刀背大椎龙	13	棘龙类	28	兰氏马塔巴拉龙	69
阿特拉斯科普柯龙	50	帝王埃德蒙顿龙	56	棘龙亚科	28	兰氏真双型齿翼龙	82
埃德蒙顿龙	40	钉状拇指	54	戟龙	72	劳氏小盾龙	62
埃德蒙顿似鸟龙	34	多刺冥河龙	74	颊囊	48	劳亚大陆	6
埃及棘龙	29	多毛魔鬼翼龙	82	甲龙	19	棱齿龙	50
埃雷拉龙类	3	多氏凯瓦古神翼龙	82	甲龙类恐龙	62	棱齿龙类恐龙	48
埃塞俄比亚钉状龙	65			坚尾龙类	3	镰刀龙	22
爱氏蜥结龙	67	恶龙	25	剑角龙	72	镰刀龙类恐龙	30
安保包头龙	67	鳄鱼	15	剑龙	26	梁龙类	3
安氏原角龙	78	恩氏板龙	13	剑龙类恐龙	62	獠牙翼龙	15
		二连巨盗龙	36	角鼻角鼻龙	25	林龙	5
霸王龙	19			角鼻龙	24	伶盗龙	44
白垩纪	6	帆状棘	29	角鼻龙类	24	龙鸟	44
白令陆桥	36	反鸟类	69	角蛋白	62	掠食龙	25
斑龙	5	泛大洋	6	角龙类	5	裸子植物	14
蚌壳蕨	53	费氏斑比盗龙	42	角足龙类	2	
棒纹粉类植物	69	福氏棱齿龙	51	结节龙科	66	马普龙	26
鲍氏腔骨龙	22			颈盾	72	玛君龙	24
暴龙类恐龙	30	冈瓦纳大陆	6	巨带齿兽	86	蛮龙	25
北票龙	38	高胸腕龙	10	巨盗龙	36	慢龙	38
贝尼萨尔禽龙	55	古槽齿龙	13	巨爬兽	86	矛齿鲸	90
被子植物	69	古近纪	90	惧龙	32	梅氏巴塔哥泰坦巨龙	19
奔山龙	50	古三爪鳖	90	掘奔龙	50	寐龙	40
本内苏铁	15	骨板	19	蕨类	14	蒙古伶盗龙	78
边界幻龙	84	冠恐鸟	90	俊俏伤齿龙	40	蒙古鲟鸟龙	40
扁尾薄片龙	84	龟形镰刀龙	38			蒙古鹦鹉嘴龙	76
冰脊龙	22			卡耐基梁龙	17	迷里奥哈龙	13
波斯特鳄	15	海生爬行动物	84	卡氏阿马加龙	17	膜质骨板	25
哺乳动物	1	合川马门溪龙	17	开花植物	68	摩尔根兽	15
		鹤鸵盔龙	56	空腔猎空翼龙	69	木兰	69
沧龙	68	华丽羽王龙	32	孔子天宇龙	53	木贼	15
叉骨	22	怀俄明肿头龙	74	恐怖三角龙	76	
长爪双型齿翼龙	82	幻龙类	84	恐龙	1	南方巨兽龙	22
驰龙类	42	黄氏河源龙	36	恐爪龙	49	南洋杉型木	15
初始侏儒反鸟	69	霍格沃茨龙王龙	74	盔龙	56	泥潭龙	25
慈母龙	58			昆虫	14	鸟脚类恐龙	25
脆弱异特龙	27	畸齿龙类恐龙	48	昆士兰克柔龙	84	鸟脚亚目	48

94

鸟臀类恐龙	62	始祖鸟	52	沃氏副栉龙	56	真驰龙类恐龙	42
鸟臀目	5	始祖象	90			蜘蛛	14
诺氏风神翼龙	82	手盗龙类	5	蜥脚类	10	栉龙亚科	56
		兽脚类恐龙	10	蜥脚形亚目	10	中华侏罗兽	53
攀援始祖兽	86	兽脚亚目	5	蜥臀目	5	中生代	6
盘古大陆	1	兽孔类	14	细脚无聊龙	40	肿头龙	72
皮氏慈母龙	58	双脊龙	24	小盗龙	22	肿头龙类	72
平衡恐爪龙	42	顺椎敏迷龙	69	新猎龙	26	重爪龙	29
普氏海王龙	84	斯氏达科他盗龙	42	新蜥脚类	3	重爪龙亚科	28
普通鱼龙	84	斯氏五角龙	76	幸存者	90	侏罗纪	6
		似鳄龙	29	虚骨龙	53	侏罗络新妇蛛	53
奇异帝龙	31	似鸡龙	34	虚骨龙类	30	主龙类	5
奇异恐手龙	34	似鸟龙类恐龙	30			铸镰龙	38
千禧中国鸟龙	44	似鸟身女妖龙	34	鸭嘴龙	32	装甲剑龙	65
腔骨龙	15	似鹈鹕龙	34	鸭嘴龙类恐龙	48	装甲亚目	62
强壮剑角龙	74	似鸵龙	34	鳐鱼	52		
切齿龙	36	松柏	10	伊吉迪鲨齿龙	27		
窃蛋龙	36	苏铁	10	伊氏恶魔角龙	72		
窃蛋龙类	36	髓质骨	49	异特龙	25		
禽龙	5			异特龙科	26		
禽龙类恐龙	42	塔氏尼日尔龙	17	异特龙类	26		
丘布特魁纣龙	19	獭形狸尾兽	86	翼龙	14		
犬齿兽类	86	苔藓	14	银杏	10		
		太白华阳龙	65	鹦鹉嘴龙	31		
撒哈拉鲨齿龙	27	泰坦巨龙	26	勇士特暴龙	38		
萨尔塔龙	19	泰坦巨龙类	18	犹他盗龙	42		
三叠纪	6	特暴龙	32	有毒恐龙	44		
三角龙	72	特提斯海	6	有胎盘哺乳动物	53		
鲨齿龙	26	提氏腱龙	49	鱼龙	52		
鲨齿龙科	26	头冠	22	羽毛	1		
鲨鱼	29	头饰龙亚目	72	原角龙	36		
伤齿龙	36	腿龙	62	原始鸟脚类	50		
伤齿龙类恐龙	30			原始蜥脚形类	12		
上龙类	84	腕龙	18	原始羽毛	44		
蛇发女怪龙	32	威氏苏铁	53	原始中华龙鸟	44		
蛇颈龙	52	维利安祖龙	36	远古翔兽	86		
社会性动物	32	尾锤	66				
圣贤孔子鸟	44	尾刺	64	杂食动物	36		
食肉牛龙	24	尾羽龙	36	葬火龙	36		
始祖马	90	胃石	10	窄吻栉龙	56		

策展人

克里斯·沃梅尔：一位自学成才的英国艺术家，著名版画家，曾撰写并绘制多本童书，为《驯鹰传奇》绘制的封面赢得2015年科斯塔图书奖。克里斯擅长通过木版画和浮雕来表现他超越时空的想象力。克里斯和妻子及3个孩子居住在伦敦。

莉莉·穆雷：从事编辑和写作工作15年以上，爱好恐龙，喜欢观鸟，经常会去自然历史博物馆参观，关注恐龙研究的最新成果。她也是一名业余的化石猎人。

乔纳森·坦纳特博士：2016年获伦敦帝国学院博士学位，从事恐龙演化与灭绝相关研究工作。乔纳森还是一位自由的科普作家，已编写和审校过多本科普图书。

译后记

这是一本"地板图书"，开本较一般图书更大，适合孩子坐在地上摊开阅读。内容清晰简单，加入了很多新的研究，比如提到了2015年新发现的翼龙，2017年Matthew Baron对于恐龙传统分类的质疑，等等。本书的亮点是将书比作一个博物馆，不同的章节作为不同的展厅。作者和画师化身展厅的策展人和布展师，带我们进入了一座"恐龙博物馆"，穿行于巨大的恐龙骨架之间，为我们讲述其中的奥秘。我曾在中国古动物馆对外开放部门工作4年，这本书仿佛又带我回到了那些每天在展厅为游客讲解的日子。

中国是全世界恐龙化石最丰富的国家，也是全世界命名恐龙属种最多的国家（接近300种），同时还是目前世界上的恐龙研究强国，拥有全世界命名恐龙最多的古生物学家之一（徐星研究员）。然而与此不相匹配的是中国青少年自然教育的缺失。希望这本图版精美、文字简洁而准确的科普读本可以带领大家走入遥远的史前时代，领略中生代霸主的昔日荣光。

《恐龙》杂志编辑 邢路达

了解更多

加州大学古生物博物馆
介绍恐龙入门信息的网站。
www.ucmp.berkeley.edu/diapsids/dinosaur.html

史密斯森尼国家自然历史博物馆
介绍了博物馆中的恐龙化石藏品。点击链接进入最新展览页面，会有视频和博客。
www.naturalhistory.si.edu

伦敦自然历史博物馆
关于恐龙的全面指南，有300多种恐龙的图片和文字介绍。
www.nhm.ac.uk/discover/dino-directory/index.html

古生物数据库
包含所有已知恐龙种类相关信息的大型数据库，有一个可以探索世界各化石点的互动地图。
www.paleobiodb.org/navigator

美国自然历史博物馆
世界上最为丰富的恐龙化石收藏地之一，可在线观看展品及科学家关于恐龙问题回答的视频。
www.amnh.org/dinosaurs

澳大利亚博物馆
了解澳洲恐龙以及恐龙到鸟类的演化过程。
www.australianmuseum.net.au/dinosaurs-and-their-relatives

"我知道恐龙！"——大型恐龙播客
包含恐龙相关新闻、采访和讨论的音频网站。
www.iknowdino.com

儿童发现：恐龙
包含恐龙知识小测验、游戏和视频的儿童网站。
www.discoverykids.com/category/dinosaurs

恐龙信息
最大的恐龙信息汇总网站之一，内含完整的恐龙演化分支图。
www.dinosaurfact.net